图 5-21

图 5-31

图　5-40

图　6-37

图 7-36

图 7-67

图 8-83

图 9-92

技工教育规划教材

国家级技工教育和职业培训教材

电脑美术设计与制作职业应用项目教程

3ds Max项目实战教程

第2版

主　编　冯伟博

副主编　黄春光

参　编　张妍霞　王　丰　姜文远

机械工业出版社

本书为技工教育规划教材，国家级技工教育和职业培训教材。

本书从3ds Max 2012软件的基本操作入手，针对各类职业院校的培养目标和学生特点，详尽介绍其功能。内容编排避繁就简，结合大量可操作性实例，循序渐进，从简单操作到室内效果图设计，全面深入阐述3ds Max软件的建模、材质、灯光、渲染等技术。对知识点的说明简单明了、通俗易懂并侧重实际应用。对任务的讲解细致，操作步骤解说非常详细，即使是初学者，只要按照步骤进行操作，都能做出最终效果。

本书共9个项目，包括3ds Max软件基础、基础建模实战、高级建模实战、材质贴图技术实战、灯光技术实战、摄像机技术实战、渲染技术实战、简约儿童卧室实战和现代客厅实战。本书适合作为各类职业院校装潢设计类专业3ds Max课程教材，也可作为各类3ds Max培训班的辅助教材，还可作为三维设计人员和广大三维爱好者的案头必备工具书。

本书配有电子课件和素材，选用本书作为教材的教师可以从机械工业出版社教育服务网（www.cmpedu.com）免费注册下载或联系编辑（010-88379194）咨询。

图书在版编目（CIP）数据

3ds Max项目实战教程 / 冯伟博主编. — 2版.
— 北京：机械工业出版社，2017.6（2024.2重印）
电脑美术设计与制作职业应用项目教程
ISBN 978-7-111-56819-3

Ⅰ．①3… Ⅱ．①冯… Ⅲ．①三维动画软件—教材 Ⅳ．①TP391.414

中国版本图书馆CIP数据核字（2017）第105156号

机械工业出版社（北京市百万庄大街22号 邮政编码100037）
策划编辑：梁 伟 责任编辑：李绍坤 陈瑞文
责任校对：马立婷 封面设计：鞠 杨
责任印制：单爱军
北京虎彩文化传播有限公司印刷
2024年2月第2版第8次印刷
184mm×260mm · 15.5 印张 · 2 插页 · 359 千字
标准书号：ISBN 978-7-111-56819-3
定价：49.00元

电话服务 网络服务
客服电话：010-88361066 机 工 官 网：www.cmpbook.com
010-88379833 机 工 官 博：weibo.com/cmp1952
010-68326294 金 书 网：www.golden-book.com
封底无防伪标均为盗版 机工教育服务网：www.cmpedu.com

第 2 版 前 言

3ds Max 2012是由Autodesk公司开发的三维制作软件，它功能强大，易学易用，深受三维爱好者的喜爱。目前，我国很多中职学校的艺术设计专业，都将3ds Max作为一门重要的专业课程。本书是《3ds Max职业应用实训教程（9.0中文版）》的修订版，是一本全面介绍3ds Max 2012基本功能及实际运用的书，完全针对零基础者编写，是入门级读者快速掌握3ds Max 2012的必备书籍。

本书在编排上做了精心的设计，特色鲜明，按照大项目、小任务的模式进行介绍。在基础操作中让学生了解软件功能；在课堂任务中掌握软件应用。全书共9个项目，包含多个单独的任务实例，内容覆盖了3ds Max 2012的基础知识、室内设计的基础知识和家装效果图制作的方法等。

项目1介绍3ds Max 2012软件界面和新增功能等内容；项目2介绍基本几何体、扩展几何体、二维图形的创建修改和标准工具栏的应用；项目3介绍高级建模与常用修改器的使用方法及相关操作；项目4介绍材质与贴图的使用，以及其在装潢效果图设计中的具体应用；项目5介绍灯光的使用；项目6介绍摄像机的知识和应用；项目7介绍渲染输出的知识和应用；项目8和项目9通过两个综合实例讲解制作装潢效果图的方法和技巧。

本书由多位具有丰富实践教学经验的专业教师合力编写。冯伟博任主编，黄春光任副主编，参加编写的还有张妍霞、王丰、姜文远。冯伟博负责结构设计及整体编排，承担编写项目3、项目6、项目7。黄春光承担编写项目1、项目8、项目9，张妍霞承担编写项目4，王丰承担编写项目5，姜文远承担编写项目2。

由于写作时间仓促，书中如有疏漏之处，恳请读者批评指正。

编　者

第 1 版 前 言

3ds Max 9基于Windows操作平台，是深受人们欢迎的三维建模、渲染、动画软件。由于该软件能够完成制作三维场景所需要的建模、材质、灯光、动画以及渲染等所有工作，同时还因其具备强大的三维造型功能和流畅的工作界面，所以已成为从事建筑装潢效果图与动画制作人员的首选应用软件。

本书详尽地介绍了3ds Max 9的常用功能，以及如何利用该软件制作室内外效果图、产品设计效果图等的方法与技巧。全书实例内容丰富，覆盖面广，讲解循序渐进，让学习者从零起步，在最短的时间内从了解3ds Max 9的操作到掌握室内外效果图设计方法，轻松地诠释了成为室内设计高手的最佳捷径。

全书共分为8章，包含上百组操作练习和20多个单独的综合实例，内容覆盖了3ds Max 9的基础知识、室内设计的基础知识以及应用3ds Max 9进行专业家居效果图设计的方法等，采用项目式教学思路与任务驱动法，以实例带动命令进行讲解，在做实例的过程中，逐步渗透知识点，使学习者在不知不觉中轻松掌握设计知识。第1章简明扼要地介绍了3ds Max 9的软件界面组成和新增功能等内容；第2章主要介绍了基本几何体、扩展几何体与二维图形的创建与修改以及标准工具栏的应用；第3章介绍了高级建模与常用修改器的使用方法与相关操作；第4章介绍了材质与贴图的基本属性，标准材质和常用复合材质的设置方法，以及其在装潢效果图设计中的具体应用；第5章和第6章讲述了灯光和摄像机的设置与使用方法；第7章讲述了3ds Max 9中的典型环境特效的使用；第8章通过一个综合实例讲解了如何利用3ds Max 9制作装潢效果图，并且还详细介绍了在Photoshop中对图像进行后期处理的方法。

针对职业院校的培养目标和学生特点，本书在内容取舍上不求面面俱到，强调实用需要，在内容编排上注重避繁就简，突出可操作性，在知识点的说明上尽量做到简单明了，通俗易懂并侧重实际应用。为了使读者学习更有效，每个教学项目分为训练要点、训练目标、基础练习、项目实训和经验交流5个环节。训练要点主要介绍了教学项目中的学习重点；训练目标是说明学习与训练能够达到的效果和训练方法；基础练习具体调解了在项目实训中将要用到的知识内容和操作方法；通过项目实训中的商业应用案例，让学习者练习软件功能在实际工作中的应用技巧，快速进入职业状态，领会讲述内容，掌握功能和方法，从而大大节省学习时间，提高效率。

本书由多位具有丰富实践教学经验的专业教师合力编写。主编张妍霞，副主编冯伟博。第1章、第6章、第7章由赵丹、耿利敏编写；第2章由姜文远、于永胜编写；第3章由冯伟博编写；第4章由张妍霞编写；第5章、第8章由黄春光、王丰、徐慧槟编写。

本书操作步骤详尽，即便是初学者，只要按照步骤操作，也一定能做出最终效果。本书适合作为3ds Max初、中级学习者的教材，也可以作为各级各类3ds Max培训班的教材、同时可作为三维设计人员和广大三维设计爱好者的案头工具书，方便学习者在使用3ds Max进行设计工作时随时查阅。

　　由于写作时间仓促，书中如有疏漏之处，恳请读者批评指正，有关本书意见或建议，请与作者联系（E-mail：zhangyanxiachen@163.com）。

编　者

目　录

项目 1

3ds Max软件基础

项目概述

本项目主要介绍3ds Max 2012软件的应用领域及软件安装运行时对操作系统的要求，了解界面的功能区域划分和作用。

任务　3ds Max基本使用方法

任务分析

本任务围绕软件界面展开，针对其中的标题栏、菜单栏、工具栏、视口区域、命令面板和状态栏等功能区域，详细介绍各区域内面板、按钮的作用及使用方法。

任务目标

通过对3ds Max 2012软件界面的学习，掌握各功能区域，达到为后续学习做好基础准备的目标。

任务热身

1. 3ds Max 2012概述

美国Autodesk公司出品的3ds Max，至今已有20多年的历史，使用平台也由最初的DOS过渡到现在的Windows。随着版本的不断升级，3ds Max的功能也越来越强大，成为全球最受欢迎的三维制作软件之一，是众多三维设计师的首选开发工具。

3ds Max在模型塑造、场景渲染、动画及特效等方面都能制作出高品质的对象，这使其能够为游戏动画、影视特效、建筑装潢、工业机械、军事、科学教育等众多领域提供全面、专业的解决方案，示例效果如图1-1～图1-4所示。

图 1-1

图 1-2

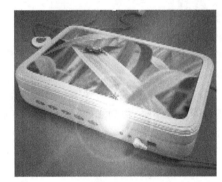

图 1-3

图 1-4

2. 3ds Max 2012系统设置

（1）32位Autodesk 3ds Max 2012 for Windows

1）操作系统：Windows 2000 / Windows XP / Windows 2003 / Windows Vista / Windows 7。

2）Intel Pentium 4 1.4 GHz或等效的AMD处理器SSE2技术。

3）2GB RAM（建议使用4GB）。

4）2GB交换空间（建议使用4GB）。

5）3GB可用硬盘空间。

6）支持Direct3D 9、Direct3D 10技术或 OpenGL的图形Card（256 MB或更高的视频卡内存，建议使用1 GB或更高版本）。

7）DVD-ROM Driver。

（2）64 位 Autodesk 3ds Max 2012 for Windows

1）操作系统：Windows XP / Windows 2003 / Windows Vista / Windows 7。

2）Intel 64 或等效的AMD64处理器SSE2技术。

3）4GB RAM（建议使用8GB）。

4）4GB交换空间（建议使用8GB）。

5）3GB可用硬盘空间。

6）支持Direct3D 9、Direct3D 10技术或 OpenGL的图形Card（256 MB 或更高的视频卡内存，建议使用1GB或更高版本）。

7）DVD-ROM Driver。

任务实施

1. 3ds Max 2012的工作界面

安装好3ds Max 2012后，可以通过2种方法启动3ds Max 2012。第1种是双击桌面上的快捷图标。第2种是执行"开始"→"程序"→"Autodesk"→"Autodesk 3ds Max 2012 32-bit-Simplified Chinese"→"Autodesk 3ds Max 2012 32-bit-Simplified Chinese"命令。启动完成后，可以看到3ds Max 2012的工作界面。

3ds Max 2012的工作界面分为9个区域，分别是"标题栏""菜单栏""主工具栏""视口区域""命令面板""时间滑块和轨迹栏""状态栏""动画时间控制区""视图控制区"，如图1-5所示。

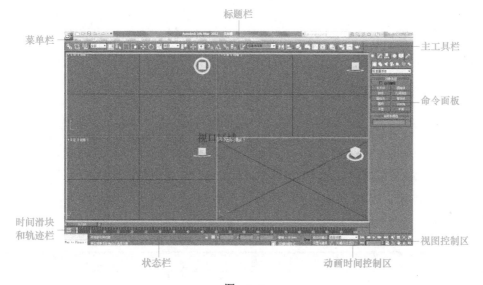

图　1-5

2. 标题栏

3ds Max 2012的"标题栏"位于工作界面的最顶部，主要包含当前编辑的文件名称、软件版本信息，同时还有软件图标、快速访问工具栏和信息中心。

（1）软件图标

单击标题栏左侧的软件图标，会弹出一个用于管理场景文件的下拉菜单。这个菜单与之前版本的"文件"菜单类似，在本书的后续章节中统一称为"文件"菜单，关于此菜单的相关用法将在后文中做详细介绍。

（2）快速访问工具栏

"快速访问工具栏"集合了用于管理场景文件的常用命令，便于用户快速管理场景文件，包括"新建""打开""保存""撤销""重做"等常用工具，同时用户也可根据个人喜好对"快速访问工具栏"进行设置，如图1-6所示。

（3）信息中心

"信息中心"用于访问有关3ds Max 2012和其他Autodesk产品的信息，如图1-7所示。

图 1-6   图 1-7

3. 菜单栏

3ds Max 2012的"菜单栏"位于工作界面上端标题栏的下方,包含"编辑""工具""组""视图""创建""修改器""动画""图形编辑器""渲染""自定义""MAXScript(MAX脚本)"和"帮助"12个主菜单。

提示 在下拉菜单的某些命令后有与之对应的快捷键,直接按键盘上的快捷键也可执行这个命令;若下拉菜单的命令后面带有省略号,则表明执行该命令后会弹出独立的对话框;若有小箭头,则表明该命令还含有子命令;若命令以灰色显示,则表明此命令当前不可用,即当前操作中没有适合该命令的操作对象。

(1)"文件"菜单

单击"文件"菜单(即前文所述的软件图标),在弹出的下拉菜单中主要包括"新建""重置""打开""保存""另存为""导入""导出""发送到""参考""管理""属性""最近使用的文档"12个常用的命令。由于"文件"菜单下的命令都是一些常用的命令,因此使用频率很高,它们的快捷键见表1-1。请牢记这些快捷键,这样会节省很多操作时间。

表1-1 "文件"菜单中常用命令的快捷键

命　令	快　捷　键
新建	Ctrl+N
打开	Ctrl+O
保存	Ctrl+S
退出3ds Max	Alt+F4

1)新建:该命令用来新建场景,包括3个子命令。

① 新建全部:新建一个不包含任何内容的空白场景。

② 保留对象:保留场景中的对象,但是删除它们之间的任意链接以及任意动画键。

③ 保留对象和层次:保留对象以及它们之间的层次链接,但是删除任意动画键。

提示 按〈Ctrl+N〉快捷键可以打开"新建场景"对话框,在该对话框中也可选择新建方式,这种方式是最为快捷的新建方式。

2)重置:执行该命令可以清除所有数据并重置3ds Max设置。重置可以还原启动默认设置,并且可以移除当前所做的任何自定义设置。

3)打开:该命令用于打开场景,包括2个子命令。

①打开:执行该命令会打开"打开文件"对话框,在该对话框中可以选择要打开的3ds

Max场景文件，如图1-8所示。

图 1-8

提示

　　在文件夹中选择要打开的场景文件，然后用鼠标左键将其直接拖曳到3ds Max 2012的工作界面中，即可快速、便捷地将其打开。

　　② 从Vault中打开：执行该命令可以直接从Autodesk Vault中打开3ds Max文件。

　　4）保存：执行该命令可以保存当前场景。如果先前没有保存场景，则执行该命令会弹出"文件另存为"对话框，其中可以设置文件的保存位置、文件名及保存的类型。

　　5）另存为：执行该命令可以将当前场景文件另存为一份，包括4个子命令。

　　① 另存为：执行该命令会打开"文件另存为"对话框，其中可以设置文件的保存位置、文件名及保存的类型。

　　② 保存副本为：执行该命令可以用一个不同的文件名来保存当前场景的副本。

　　③ 保存选定对象：在视口中选择一个或多个几何体对象后，执行该命令可以保存选定的几何体。注意，只有在选择了几何体的情况下该命令才可用。

　　④ 归档：执行该命令可以将创建好的场景或场景位图保存为一个压缩包。对于复杂的场景，这是一种很有效的避免丢失任何文件的保存方式。

　　6）导入：该命令可以加载或合并当前3ds Max场景文件中以外的几何体文件，包括3个子命令。

　　① 导入：执行该命令可以弹出"选择要导入的文件"对话框，在其中可以选择要导入的文件。

　　② 合并：执行该命令可以弹出"合并文件"对话框，在其中可以将保存的场景文件中的对象加载到当前场景中。在该对话框中单击"打开"按钮，会弹出"合并"对话框，可以选择要合并的文件类型。

　　③ 替换：执行该命令可以替换场景中的一个或多个几何体对象。

　　7）导出：该命令可以将场景中的几何体对象导出为各种格式的文件，包含3个子命令。

　　① 导出：执行该命令可以导出场景中的几何体对象，在打开的"选择要导出的文件"对话框中，可以选择要导出的文件格式。

　　② 导出选定对象：在场景中选择几何体对象后，执行该命令可以用各种格式导出选定

的几何体。

③ 导出到DWF：执行该命令可以将场景中的几何体对象导出成DWF格式的文件，这种格式的文件可在AutoCAD中打开。

8）发送到：执行该命令可以将当前场景发送到其他软件中，以实现交互操作。可以发送的软件有3种，即"Softimage""MotionBuilder"和"Mudbox"。

9）参考：该命令用于将外部的参考文件插入到3ds Max中，以供用户参考。可供参考的对象包括4种，即"继承容器""外部参照对象""外部参照场景"和"文件链接管理器"。

10）管理：该命令用于对3ds Max的相关资源进行管理，包括两个子命令。

① 设置项目文件夹：执行该命令可以打开"浏览文件夹"对话框，在其中可以选择一个文件夹作为3ds Max当前项目的根文件夹。

② 资源追踪：执行该命令可以打开"资源追踪"对话框，在其中可以检入和检出文件，将文件添加至资源追踪系统（Applicant Tracking System，ATS）以获取文件的不同版本等。

11）属性：该命令用来显示当前场景的详细摘要信息和文件属性信息。

（2）"编辑"菜单

"编辑"菜单中是一些编辑对象的常用命令，它们的快捷键见表1-2。

表1-2 "编辑"菜单中常用命令的快捷键

命　　令	快　捷　键	命　　令	快　捷　键
撤销	Ctrl+Z	旋转	E
重做	Ctrl+Y	变换输入	F12
暂存	Ctrl+H	全选	Ctrl+A
取回	Alt+ Ctrl+F	全部不选	Ctrl+D
删除	Delete	反选	Ctrl+I
克隆	Ctrl+V	选择类似对象	Ctrl+Q
移动	W	选择方式→名称	H

关于"撤销""重做""移动""旋转""缩放""选择区域"和"管理选择集"等命令的相关用法，请参阅后续项目的相关介绍。

1）暂存/取回：执行"暂存"命令可以将场景设置保存到基于磁盘的缓冲区，可存储的信息包括几何体、灯光、摄影机、视口配置及选择集；执行"取回"命令会还原上一个"暂存"命令存储的缓冲内容。

2）删除：选择对象后，执行该命令可将其删除。

3）克隆：执行该命令可以创建对象的副本、实例或参考对象。

4）变换输入：该命令可以用于精确设置移动、旋转和缩放变换的数值。由于执行的变换操作不同，因此其相应打开的"移动变换输入"对话框也不同。如图1-9所示，即为分别使用移动、旋转工具操作时，执行"变换输入"命令所打开的不同对话框，在其中可以进行对应的变换数值设置。

图　1-9

5）变换工具框：执行该命令可以打开"变换工具框"对话框，在其中可以调整对象的旋转、缩放、定位及对象的轴。

6）全选：执行该命令可以选择场景中的所有对象。

> **提示**　"全选"命令是基于"主工具栏"中的"过滤器"列表而言的。如果"过滤器"列表中选择的是L-灯光，则该命令将选择场景中的所有灯光，其他对象不会被选中。只有"过滤器"列表中选择的是"全部"，场景中所有的对象才会被选中。

7）全部不选：执行该命令可以取消对任何对象的选择。

8）反选：执行该命令可以反向选择对象。

9）选择类似对象：执行该命令可以自动选择与当前选定对象类似的所有对象。注意，类似对象是指位于同一层中并应用了相同的材质或不应用材质的对象。

10）选择实例：执行该命令可以选择选定对象的所有实例化对象。如果对象没有实例或已选定了多个对象，则该命令不可用。

11）选择方式：该命令会按照"名称""层"和"颜色"3种方式之一选择对象。

① 名称：执行该命令可以弹出"从场景选择"对话框，在其中选择对象的名称后，单击"确定"按钮即可将其选择。

② 层：执行该命令可以弹出"按层选择"对话框，在其中选择一个或多个层后，这些层中的所有对象都会被选中。

③ 颜色：执行该命令可以选择与选定对象具有相同颜色的所有对象。

12）对象属性：选择一个或多个对象后，执行该命令可以打开"对象属性"对话框，在其中可以查看和编辑对象的"常规""高级照明"和"mental ray参数"。

（3）"工具"菜单

"工具"菜单主要包括对物体进行基本操作的常用命令，它们的快捷键见表1-3。

表1-3　"工具"菜单中常用命令的快捷键

命　令	快 捷 键	命　令	快 捷 键
孤立当前选项	Alt+Q	栅格和捕捉→捕捉开关	S
对齐→对齐	Alt+A	栅格和捕捉→角度捕捉切换	A
对齐→快速对齐	Shift+A	栅格和捕捉→百分比捕捉切换	Shift+Ctrl+P
对齐→间隔工具	Shift+I	栅格和捕捉→捕捉使用轴约束	Alt+D或Alt+F3
对齐→法线对齐	Alt+N		

关于"层管理器""镜像""对齐"和"栅格和捕捉"等命令的相关用法，请参阅后续项目的相关介绍。

1）孤立当前选项：这是一个非常重要的命令，也是一种特殊选择对象的方法，执行该命令可以将选择的对象单独显示出来，以方便对其进行编辑。

2）灯光列表：执行该命令可以打开"灯光列表"对话框。在该对话框中可以设置每个灯光的很多参数，也可以进行全局设置。注意，该对话框只显示3ds Max内置的灯光类型，不能显示VRay灯光。

3）阵列：选择对象后，执行该命令可以打开"阵列"对话框，在其中可以基于当前选择创建对象阵列。

4）快照：执行该命令可以打开"快照"对话框，在其中可以随时克隆动画对象。

5）重命名对象：执行该命令可以打开"重命名对象"对话框，在其中可以一次性重命名若干个对象。

6）指定顶点颜色：该命令可以基于指定给对象的材料和场景中的照明来指定顶点颜色。

7）颜色剪贴版：该命令可以存储用于将贴图或材质复制到另一个贴图或材质的色样。

8）摄像机匹配：该命令可以使用位图背景照片和5个或多个特殊的Campoint对象来创建或修改摄像机，以便其位置、方向和视野与创建原始照片的摄像机相匹配。

9）视口画布：执行该命令可以打开"视口画布"对话框。可以使用对话框中的工具将颜色和图案绘制到视口中对象的材质内的任何贴图上。

10）测量距离：使用该命令可快速计算出两点之间的距离。计算的距离显示在状态栏中。

11）通道信息：选择对象后，执行该命令可以打开"贴图通道信息"对话框。在其中可以查看对象的通道信息。

（4）"组"菜单

"组"菜单中的命令可以将场景中的两个以上的物体编成一组，同样也可以将成组的物体拆分为单个物体。

1）成组：选择一个或多个对象后，执行该命令将其编为一组。

2）解组：将选定的组解散为单个对象。

3）打开：执行该命令可以暂时对组进行解组，这样可以单独操作组中的对象。

4）关闭：当使用"打开"命令对组中的对象编辑完成后，可以用"关闭"命令关闭打开状态，使对象恢复到原来的成组状态。

5）附加：选择一个对象后，执行该命令，然后单击组对象，可以将选定的对象添加到组中。

6）分离：使用"打开"命令暂时解组后，选择一个对象，然后执行"分离"命令可以将该对象从组中分离出来。

7）炸开：执行该命令可以一次性解开所有的组。

提示

当"组"内嵌套其他组时，"炸开"命令可以一次性解开所有的组，而"解组"命令只能从最终组成的"组"开始，一次只解开一个组。

8）集合：包含"集合""分解""打开""关闭""附加""分离""炸开"7个子命令。

（5）"视图"菜单

"视图"菜单中的命令主要用来控制视图的显示方式以及视图的相关参数设置，它们的快捷键见表1-4。

表1-4 "视图"菜单中常用命令的快捷键

命　　令	快　捷　键	命　　令	快　捷　键
撤销视图更改	Shifr+Z	ViewCube→主栅格	Alt+Ctrl+H
重做视图更改	Shift+Y	SteeringWheels→切换SteeringWheels	Shift+W
设置活动视口→透视	P	SteeringWheels→漫游建筑轮子	Shift+Ctrl+J
设置活动视口→正交	U	从视图创建摄像机	Ctrl+C
设置活动视口→前	F	xView→显示统计	7（大键盘）

（续）

命　　令	快　捷　键	命　　令	快　捷　键
设置活动视口→顶	T	视口背景→视口背景	Alt+B
设置活动视口→底	B	视口背景→更新背景图像	Alt+Shift+Ctrl+B
设置活动视口→左	L	专家模式	Ctrl+X
ViewCube→显示ViewCube	Alt+Ctrl+V		

1）撤销视图更改：执行该命令可以取消对当前视图的最后一次更改。

2）重做视图更改：取消当前视口中的最后一次撤销操作。

3）视口配置：执行该命令可以打开"视口配置"对话框。在其中可以设置视图的视觉样式外观、布局、安全框、显示性能等。

4）重画所有视图：执行该命令可以刷新所有视图中的显示效果。

5）设置活动视口：该菜单下的子命令用于切换当前活动视图，视图间切换的快捷键见表1-5。

表1-5　视图间切换的快捷键

视　　图	快　捷　键	视　　图	快　捷　键
透视	P	顶	T
正交	U	底	B
前	F	左	L

6）保存活动X视图：执行该命令可以将该活动视图存储到内部缓冲区。X是一个变量，如当前活动视图为透视图，那么X就是透视图。

7）还原活动视图：执行该命令可以显示以前使用"保存活动X视图"命令存储的视图。

8）ViewCube：该菜单下的子命令用于设置ViewCube（视图导航器）和"主栅格"。

9）SteeringWheels：该菜单下的子命令用于在不同的轮子之间进行切换，并且可以更改当前轮子中某些导航工具的行为。

10）从视图创建摄像机：执行该命令可以创建其视野与某个活动的透视视口相匹配的目标摄像机。

11）视口中的材质显示为：该命令下的子命令用于切换视口显示材质的方式。

12）视口照明和阴影：该命令下的子命令用于设置灯光的照明与阴影。

13）xView：该命令包含了16个子命令，其中"显示统计"和"孤立顶点"两个命令比较重要。

● 显示统计：执行该命令可以在视图的左上角显示整个场景或当前选择对象的统计信息。

● 孤立顶点：执行该命令可以在视口底部的中间显示孤立的顶点数目。

提示 "孤立顶点"是指与任何边或面不相关的顶点。"孤立顶点"命令一般在创建完一个模型后，对模型进行最终整理时使用，用该命令显示出孤立顶点后可以将其删除。

14）视口背景：该命令下的子命令用于设置视口的背景，设置视口背景图像有助于辅助用户创建模型。

15）显示变换Gizmo：该命令用于切换所有视口Gizmo的3轴架显示。

16）显示重影："重影"是一种显示方式，它在当前帧之前或之后的许多帧显示动画对象的线框"重影副本"。使用重影可以分析和调整动画。

17）显示关键点时间：该命令用于切换沿动画显示轨迹上的帧数。

18）明暗处理选定对象：如果视口设置为"线框"显示，则执行该命令可以将场景中的选定对象以"着色"方式显示出来。

19）显示从属关系：使用"修改"面板时，该命令用于切换从属于当前选定对象的视口高亮显示。

20）微调器拖动期间更新：执行该命令可以在视口中实现更新显示效果。

21）渐进式显示：在变换几何体、更改视图或播放动画时，该命令可以用来提高视口的性能。

22）专家模式：启用"专家模式"后，3ds Max的界面上将不显示"标题栏""主工具栏""命令面板""状态栏"以及所有的视口导航按钮，仅显示"菜单栏""时间滑块和轨迹栏"和"视口区域"。

（6）"创建"菜单

"创建"菜单中的命令主要用来创建几何体、二维图形、灯光和粒子等对象。"创建"菜单下的命令与"创建"面板中的命令按钮完全一致。例如，"创建"菜单下的"标准基本体"子菜单，包含10种三维基本体的创建命令，这些创建命令都可以在工作界面右侧的"创建"面板中找到，而且功能完全相同，如图1-10所示。这些命令非常重要，请参阅本书后续项目的相关介绍。

图 1-10

（7）"修改器"菜单

"修改器"菜单中的命令集合了所有的修改器。"修改器"菜单下的命令与"修改"面板中的"修改器"完全相同，这些命令同样非常重要，请参阅本书后续项目的相关介绍。

（8）"动画"菜单

"动画"菜单主要用来制作动画，包括正向动力学、反向动力学以及创建和修改骨骼的命令。

（9）"图形编辑器"菜单

"图形编辑器"菜单是场景元素之间用图形化视图方式来表达关系的菜单，包括"轨迹视图→曲线编辑器""轨迹视图→摄影表""新建图解视图""粒子视图"和"运动混合器"等命令。

（10）"渲染"菜单

"渲染"菜单主要用于设置渲染参数，包括"渲染""环境"和"效果"等命令，请参阅本书后续项目的相关介绍。

（11）"自定义"菜单

"自定义"菜单主要用来更改用户界面以及设置3ds Max的首选项。通过这个菜单可以制定自己的界面，同时还可以对3ds Max系统进行设置，如设置场景单位和自动备份等，它们的快捷键见表1-6。

表1-6　"自定义"菜单中常用命令的快捷键

命　　令	快　捷　键
锁定UI布局	Alt+0
显示UI→显示主工具栏	Alt+6

1）自定义用户界面：执行该命令可以打开"自定义用户界面"对话框。在该对话框中可以创建一个完全自定义的用户界面，包括快捷键、对话框、四元菜单、菜单、工具栏和颜色。

2）加载自定义用户界面方案：执行该命令可以打开"加载自定义用户界面方案"对话框，在其中可以选择想要加载的用户界面方案。

3）保存自定义用户界面方案：执行该命令可以打开"保存自定义用户界面方案"对话框，在该对话框中可以保存当前状态下的用户界面方案。

4）还原为启动布局：执行该命令可以自动加载startup.ui文件，并将用户界面返回到启动设置。

5）锁定UI布局：当该命令处于激活状态时，不能通过拖动界面元素的方式修改用户界面布局，但是仍然可以使用鼠标右键单击菜单来改变用户界面布局。利用该命令可以防止因鼠标单击或发生错误操作而更改用户界面。

6）显示UI：该命令包含5个子命令，勾选相应的子命令即可在界面中显示相应的UI对象。

7）自定义UI与默认设置切换器：使用该命令可以快速更改程序的默认值和UI方案，以便更加适合用户所处的工作类型。

8）配置用户路径：3ds Max可以使用存储的路径来定位不同种类的用户文件，其中包括场景、图像、DirectX效果、光度学和MAXScript文件。使用"配置用户路径"命令可以自定义这些路径。

9）配置系统路径：3ds Max使用路径来定位不同种类的文件（包括默认设置、字体）并启动MAXScript文件。使用"配置系统路径"命令可以自定义这些路径。

10）单位设置：这是"自定义"菜单下最重要的命令之一，执行该命令可以打开"单位设置"对话框，在该对话框中可以在通用单位和标准单位间进行选择。

11）插件管理器：执行该命令可以打开"插件管理器"对话框。该对话框中提供了位于3ds Max插件目录中的所有插件的列表，包括插件描述、类型（对象、辅助对象、修改器等）、状态（已加载或延迟）、大小和路径。

12）首选项：执行该命令可以打开"首选项设置"对话框，在该对话框中几乎可以设置所有3ds Max的首选项。

（12）"MAXScript（MAX脚本）"菜单

MAXScript（MAX脚本）是3ds Max的内置脚本语言，"MAXScript（MAX脚本）"菜

单中包含用于创建、打开和运行脚本的命令。

（13）"帮助"菜单

"帮助"菜单中主要是一些帮助信息，可以提供参考和学习。

4. 主工具栏

"主工具栏"位于菜单栏的下方，由一组带有图案的命令按钮组成，可以直接从按钮的外观图案上区分其功能。用户可将鼠标光标移动到主工具栏的最左端，当光标变成 状态后，拖动或双击鼠标，即可使其变成浮动式工具栏，如图1-11所示。显示主工具栏的快捷键为〈Alt+6〉。

图 1-11

这些工具都是3ds Max 2012中常用的工具，熟记主工具栏中各个工具按钮的快捷键，可以使3ds Max中的操作变得更加快捷，具体见表1-7。

表1-7　3ds Max 2012中常用工具的快捷键

工 具 名 称	快 捷 键	工 具 名 称	快 捷 键
选择对象	Q	对齐	Alt+A
按名称选择	H	快速对齐	Shift+A
选择并移动	W	法线对齐	Alt+N
选择并旋转	E	放置高光	Ctrl+H
选择并缩放	R	材质编辑器	M
捕捉开关	S	渲染设置	F10
角度捕捉切换	A	渲染	F9或Shift+Q
百分比捕捉切换	Shift+Ctrl+P		

某些工具的右下角有一个三角形图标，表示这是一个工具组，按住该图标就会弹出下拉的隐含工具，图1-12所示为主工具栏中所有带有隐含工具的工具组。

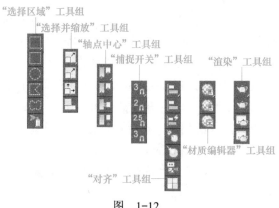

图 1-12

1）"选择并链接"工具 ：主要用于建立对象之间的父子链接关系与定义层级关系，

但是只能父级物体带动子级物体，而子级物体的变化不会影响父级物体。

2）"断开当前选择链接"工具 ：与"选择并链接"工具的作用恰好相反，此工具用来断开链接关系。

3）"绑定到空间扭曲"工具 ：可以将对象绑定到空间扭曲对象上。

4）"选择过滤器"工具 全部　 ：主要用来过滤不需要选择的对象类型，这对于批量选择同一种类型的对象非常有用。

5）"选择对象"工具 ：这是最重要的工具之一，主要用来选择对象，对于想选择对象而又不想移动它来说，这个工具是最佳的选择。使用该工具时单击对象即可选中。

6）"按名称选择"工具 ：单击会打开"从场景选择"对话框，在该对话框中选择对象的名称后，单击"确定"按钮，即可将其选择。

7）"选择区域"工具组：包含"矩形选择区域" 、"圆形选择区域" 、"围栏选择区域" 、"套锁选择区域" 和"绘制选择区域" 等5种工具，主要用来配合"选择对象"工具一起使用。

8）"窗口/交叉"工具 ：当其处于突出状态（即未激活状态）时，如果在视图中选择对象，那么只要选择的区域包含对象的一部分即可选中该对象；当其处于凹陷状态（即激活状态）时，如果在视图中选择对象，那么只有选择区域包含对象的全部才能将其选中。

9）"选择并移动"工具 ：主要用来选择并移动对象，快捷键为〈W〉。当使用该工具选择对象时，在视图中会显示出坐标移动控制器，在默认的四视图中只有透视图显示的是"x""y""z"这3个轴向，而其他3个视图中只显示其中的某两个轴向，若想要在多个轴向上移动对象，可以将光标放在轴向的中间，然后拖曳光标即可；如果想在单个轴向上移动对象，可以将光标放在这个轴向上，然后拖曳光标即可。

10）"选择并旋转"工具 ：主要用来选择并旋转对象，快捷键为〈E〉键。当该工具处于激活状态（选择状态）时，被选中的对象可以在"x""y""z"这3个轴向上进行旋转。

11）"选择并缩放"工具组：主要用来选择并缩放对象，快捷键为〈R〉。其中包含3种工具。"选择并均匀缩放"工具 ，可以沿所有的3个轴以相同量缩放对象，同时保持对象的原始比例；"选择并非均匀缩放"工具 ，可以根据活动轴约束以非均匀方式缩放对象；"选择并挤压"工具 ，可以创建挤压和拉伸效果。

"选择并缩放"工具也可以设定一个精确的缩放比例数值，具体操作方法是在相应的工具上单击鼠标右键，然后在弹出的"缩放变换输入"对话框中，输入相应的缩放比例数值即可，如图1-13所示。

图　1-13

12）"参考坐标系"工具 视图 ：可以用来指定变换操作（如移动、旋转、缩放等）所使用的坐标系统，包括视图、屏幕、世界、父对象、局部、万向、栅格、工作区和拾取9种坐标。

① 视图：在默认的"视图"坐标系中，所有正交视图中的"x""y""z"轴都相同。使用该坐标系移动对象时，可以相对于视图空间移动对象。

② 屏幕：将活动视口屏幕用作坐标系。

③ 世界：使用世界坐标系。

④ 父对象：使用选定对象的父对象作为坐标系。如果对象未链接至待定对象，则其为世界坐标系的子对象，其父坐标系与世界坐标系相同。

⑤ 局部：使用选定对象的轴心点作为坐标系。

⑥ 万向：万向坐标系与Euler XYZ旋转控制器一同使用，它与局部坐标系类似，但其3个旋转轴相互之间不一定垂直。

⑦ 栅格：使用活动栅格作为坐标系。

⑧ 工作区：使用工作轴作为坐标系。

⑨ 拾取：使用场景中的另一个对象作为坐标系。

13）"轴点中心"工具组：包含以下3种工具。

① "使用轴点中心"工具█：该工具可以围绕其各自的轴点旋转、缩放一个或多个对象。

② "使用选择中心"工具█：该工具可以围绕其共同的几何中心旋转、缩放一个或多个对象。如果变换多个对象，则该工具会计算所有对象的平均几何中心，并将该几何中心用作变换的中心。

③ "使用变换坐标中心"工具█：该工具可以围绕当前坐标系的中心旋转、缩放一个或多个对象。当使用"拾取"功能将其他对象指定为坐标系时，其坐标中心在该对象轴的位置上。

14）"选择并操纵"工具█：可以在视图中通过拖曳"操纵器"来编辑修改器、控制器和某些对象的参数。

15）"键盘快捷键覆盖切换"工具█：当该工具关闭时，只识别"主用户界面"快捷键；当激活该工具时，可以同时识别主UI快捷键和功能区域快捷键。一般情况都需要开启该工具。

16）"捕捉开关"工具组：快捷键为〈S〉，包含"2D捕捉"█、"2.5D捕捉"█和"3D捕捉"█等3种工具。

17）"角度捕捉切换"工具█：该工具可以用来指定捕捉的角度，快捷键为〈A〉。激活该工具后，角度捕捉将影响所有的旋转变换，在默认状态下以45°为增量进行旋转。

18）"百分比捕捉切换"工具█：快捷键为〈Shift+Ctrl+P〉，使用该工具可以将对象缩放捕捉到自定的百分比。在缩放状态下，默认每次的缩放百分比为10%。

19）"微调器捕捉切换"工具█：该工具可以用来设置微调器单次单击的增加值或减少值。若要设置微调器捕捉的参数，则可以在"微调捕捉器切换"工具上单击鼠标右键，然后在弹出的"首选项设置"对话框中选择"常规"选项卡，接着在"微调器"选项下设置相关的参数即可。

20）"编辑命名选择集"工具█：使用该工具可以为单个或多个对象创建选择集。选中一个或多个对象后，单击"编辑命令选择集"工具可以打开"命令选择集"对话框，在该对话框中可以创建新集、删除集以及添加、删除选定对象等操作。

21）"创建选择集"工具█████：如果选择了对象，在"创建选择集"中输入名称后即可创建一个新的选择集。如果已经创建了选择集，则在列表中可以选择创建的集。

22）"镜像"工具█：使用该工具可以围绕一个轴心镜像出一个或多个副本对象。选中要镜像的对象后，单击"镜像"工具，可以打开"镜像：世界坐标"对话框，在该对话框中可以对"镜像轴""克隆当前选择"和"镜像IK限制"进行设置。

23）"对齐"工具组：包含以下6种工具。

①"对齐"工具：快捷键为〈Alt+A〉，使用该工具可以将当前选定对象与目标对象进行对齐。

②"快速对齐"工具：快捷键为〈Shift+A〉，使用该工具可以立即将当前选择对象的位置与目标对象的位置进行对齐。如果当前选择的是单个对象，那么"快速对齐"需要使用到两个对象的轴；如果当前选择的是多个对象或多个子对象，则使用"快速对齐"可以将选中对象的选择中心对齐到目标对象的轴。

③"法线对齐"工具：快捷键为〈Alt+N〉，"法线对齐"基于每个对象的面或是以选择的法线方向来对齐两个对象。要打开"法线对齐"对话框，首先要选择对齐的对象，然后单击对象上的面，接着单击第2个对象上的面，释放鼠标后就可以打开"法线对齐"对话框。

④"放置高光"工具：快捷键为〈Ctrl+H〉，使用该工具可以将灯光或对象对齐到另一个对象，以便可以精确定位其高光或反射。在"放置高光"模式下，可以在任一视图中单击并拖动鼠标光标。

提示 "放置高光"是一种依赖于视图的功能，所以要使用渲染视图。在场景中拖动鼠标光标时，会有一束光线从光标处射入到场景中。

⑤"对齐摄影机"工具：使用该工具可以将摄像机与选定的面法线进行对齐。该工具的工作原理与"放置高光"工具类似。不同的是，它是在面法线上进行操作，而不是入射角，并在释放鼠标时完成，而不是在拖曳鼠标时完成。

⑥"对齐到视图"工具：使用该工具可以将对象或子对象的局部轴与当前视图进行对齐。该工具适用于任何可变换的选择对象。

24）"层管理器"工具：使用"层管理器"工具可以创建和删除层，也可以用来查看和编辑场景中所有层的设置以及与其相关联的对象。单击"层管理器"工具可以打开"层"对话框，在该对话框中可以指定光能传递中的名称、可见性、渲染性、颜色以及对象和层的包含关系等。

25）"Graphite建模"工具：该工具（石墨建模工具）是优秀的PolyBoost建模工具与3ds Max的完美结合，其工具摆放的灵活性与布局的科学性大大方便了多边形建模的流程。单击主工具栏中的"Graphite建模"按钮，即可调出"Graphite建模"工具的工具栏。

26）"曲线编辑器"工具：单击该工具按钮可以打开"轨迹视图-曲线编辑器"对话框。"曲线编辑器"是一种"轨迹视图"模式，可以用曲线来表示运动，而"轨迹视图"模式可以使运动的插值以及软件在关键帧之间创建的对象变换更加直观化。

27）"图解视图"工具："图解视图"是基于结点的场景图，通过它可以访问对象的属性、材质、控制器、修改器、层次和不可见场景关系，同时在"图解视图"对话框中可以查看、创建并编辑对象间的关系，也可以创建层次、指定控制器、材质、修改器和约束等。

28）"材质编辑器"工具组：快捷键为〈M〉，主要用来编辑对象的材质。3ds Max 2012的"材质编辑器"分为"精简材质编辑器"和"Slate材质编辑器"两种。这是最重要的编辑器之一，将在本书后续项目中重点介绍相关的用法。

29）"渲染设置"工具：快捷键为〈F10〉，单击主工具栏中的"渲染设置"按钮，可以打开"渲染设置"对话框，所有的渲染设置参数基本上都在该对话框中完成。

30）"渲染帧窗口"工具：单击：主工具栏中的"渲染帧窗口"按钮可以打开"渲染帧窗口"对话框，在该对话框中可执行选择渲染区域、切换图像通道和存储渲染图像等操作。

31）"渲染"工具组：包含"渲染产品"工具、"渲染迭代"工具和"ActiveShade"工具3种。

提示 主工具栏中包含众多的工具按钮，如果用户的显示器分辨率设置得较低，主工具栏就不能在工作界面中完全显示出来。对于这一情况，用户可以将光标移动到主工具栏的空白处，当光标变为手掌形状后，单击并拖动主工具栏，主工具栏将随之而移动，没有被显示出来的工具按钮便会出现在工作界面中。

5. 视口区域

视口区域是工作界面中最大的一个区域，也是3ds Max中用于实际工作的区域。默认状态下视口被划分为4个面积相等的工作视图，分别为"顶"视图、"前"视图、"左"视图和"透视"视图，在这些视图中可以从不同的角度对场景中的对象进行观察和编辑。视图间切换的快捷键见表1-8。

表1-8　视图间切换的快捷键

键　盘	功　能	键　盘	功　能
T	切换到顶视图	F	切换到前视图
L	切换到左视图	P	切换到透视视图
B	切换到底视图	C	切换到摄像机视图
U	切换到用户视图		

（1）当前工作视图

每个视图的左上角都会显示视图的名称以及模型的显示方式，右上角有一个导航器（不同视图显示的状态也不同）。在视口区域中单击某个视图后，该视图的四周边框会显示为黄色，即表示该视图为当前工作视图。如图1-14所示，即透视视图为当前工作视图。

在3ds Max 2012中，视图的名称部分被分为3个小部分，单击这3个部分会弹出不同的菜单。第1个菜单用于还原、激活、禁用视口及设置导航器等；第2个菜单用于切换视图的类型；第3个菜单用于设置对象在视口中的显示方式。用户可根据观察对象的需要，随时改变视图的大小或视图的显示方式。在当前工作视图左上角的视图名称上单击鼠标右键，可在弹出的快捷菜单中的"视图"子菜单中选择需要显示的视图方式，如图1-15所示。

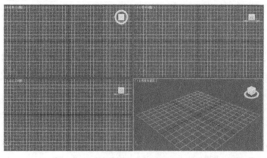

图 1-14　　　　　　　　　　　图 1-15

在3ds Max 2012中没有为"右"视图和"图形"视图定义相应的快捷键，用户需要通过视口右键单击菜单来进行选择。

（2）视口布局及显示

用户可以自己定义视图的整体布局和显示方式。执行"视图"菜单中的"视口配置"命令，在弹出的"视口配置"对话框中单击"布局"选项卡，就会打开"布局"面板，在该面板中提供了视图划分方法以及视图的显示方式，如图1-16所示。

在"布局"面板的上端，可以通过单击的方式选择定义好的视图划分方法。"布局"面板的下端是工作视图的预览模式，单击或右键单击视图预览模式中的视图窗口将会弹出视图设置快捷菜单，在快捷菜单中选择相应的命令可以对所单击的视图进行设置。设置完毕后单击"确定"按钮关闭对话框，这时工作视图会根据设置产生变化。用户还可以在当前视图左上角的视图名称上单击鼠标右键，在弹出的快捷菜单中选择"配置"选项，同样可以打开"视口配置"对话框。用户还可以根据自己的要求对视图的大小进行任意调整。将鼠标光标置于视图与视图交界处，这时光标将变为移动箭头状态，拖动鼠标光标即可调整视图的尺寸，如图1-17所示。

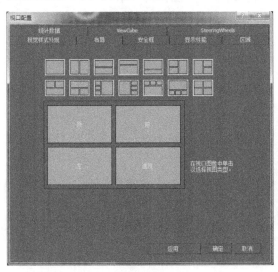

图 1-16

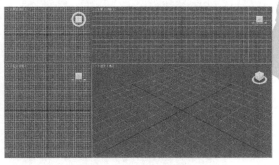

图 1-17

如果用户需要将视图还原为调整之前的状态，则可以通过执行"重置布局"命令将视图尺寸还原。方法是将鼠标光标置于视图与视图的交界处，然后右键单击，将会弹出"重置布局"命令，执行该命令后，即可完成视图的重置操作。

6．命令面板

3ds Max 2012工作界面的右侧为命令面板。命令面板非常重要，场景对象的操作都可以在命令面板中完成。在命令面板内包含了3ds Max中对象的建立和编辑，以及动画设置等方面的命令。命令面板是3ds Max中使用频率较高的工作区域，绝大多数场景对象的创建，都将在这里编辑完成，因此熟练掌握命令面板中的工具和命令是学习3ds Max的核心内容。

在3ds Max 2012的命令面板中，从左到右依次为"创建" ✦、"修改" ✎、"层次" ♨、"运动" ◉、"显示" ▣和"实用程序" ↗ 6个命令面板。

命令面板内的各项命令被分类放置于卷展栏中。在卷展栏的左侧有一个"+/-"符号，"+"表示该卷展栏处于展开状态，"-"则表示该卷展栏处于收缩状态。通过单击卷展栏的"+/-"符号，可以切换该卷展栏的展开或收缩状态，如图1-18所示。

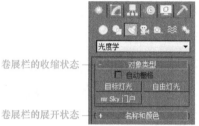

卷展栏的收缩状态 ——

卷展栏的展开状态 ——

图　1-18

有些对象的设置参数比较多，命令面板中的卷展栏也就比较多，用户如果需要在命令面板内同时显示多个卷展栏，则可以将鼠标光标置于命令面板的左侧边缘处，光标会转变为移动箭头，向左拖动鼠标，命令面板的面积将跟随光标向左扩大，如图1-19所示。如果需要还原命令面板原来的显示状态，则只需再向右拖动命令面板的左侧边缘处即可。

用户除了可以更改命令面板的尺寸以外，还可以对命令面板中卷展栏的先后顺序进行调整。利用这一功能可以将常用的卷展栏放置于命令面板的前端，以便于使用。在卷展栏的标题上单击并拖动鼠标光标，可以看到卷展栏的标题会随着鼠标光标而移动，当移动至想要调整的位置后松开鼠标光标，卷展栏的顺序就会改变，如图1-20所示。

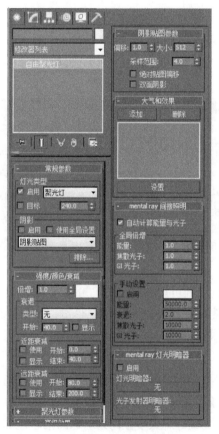

图　1-19

图　1-20

（1）"创建"面板

"创建"面板是最重要的面板之一，在该面板中可以创建7种对象，分别是"几何体""图形""灯光""摄像机""辅助对象""空间扭曲"和"系统"。

1）几何体：主要用于创建长方体、球体和锥体等基本几何体，同时也可以创建出高级几何体，如布尔、阁楼以及粒子系统中的几何体。

2）图形：主要用于创建直线、矩形、圆等常用的二维图形。

3）灯光：主要用来创建场景中的灯光，灯光的类型有很多种，每种灯光都可以用来创建场景中的摄像机。

4）摄像机：主要用来创建场景中的摄像机。

5）辅助对象：主要用来创建有助于场景制作的辅助对象。这些辅助对象可以定位、测量场景中的可渲染几何体，并且可以设置动画。

6）空间扭曲：使用空间扭曲功能可以在围绕其他对象的空间中产生各种不同的扭曲效果。

7）系统：可以将对象、控制器和层次对象组合在一起，提供与某种行为相关联的几何体，并且包含模拟场景中的阳光系统和日光系统。

（2）"修改"面板

"修改"面板同样是最重要的面板之一，该面板主要用来调整场景对象和参数，同样可以使用该面板中的修改器来调整对象的几何形体。

（3）"层次"面板

在"层次"面板中可以访问调整对象间的层次链接信息，通过将一个对象与另一个对象相链接，可以创建对象之间的父子关系。

1）轴：该工具下的参数主要用来调整对象和修改器中心位置，以及定义对象之间的父子关系和反向动力学IK的关节位置等。

2）IK：该工具下的参数主要用来设置动画的相关属性。

（4）"运动"面板

"运动"面板中的工具和参数主要用来调整选定对象的运动属性。

（5）"显示"面板

"显示"面板中的参数主要用来设置场景中控制对象的显示方式。

（6）"实用程序"面板

在"实用程序"面板中可以访问各种工具程序，包含用于"管理"和"调用"的卷展栏。

7. 时间滑块和轨迹栏

时间滑块和轨迹栏位于视图的最下方，主要用于制订帧和控制动画，如图1-21所示。默认的制订数为100帧，具体数值可以根据动画的长度进行修改。拖曳时间滑块可以在帧之间迅速移动，单击时间滑块的向左箭头图标或向右箭头图标，可以向前或向后移动一帧。

图　1-21

8. 状态栏

状态栏位于轨迹栏的下方，包含了MaxScript迷你侦听器、选择对象提示行、工具提示行、"选择锁定切换"按钮、"偏移/绝对模式变换输入"按钮、"渐进式显示"按钮、坐标数值输入行、栅格设置显示行、"时间标记"文本标签，如图1-22所示。状态栏可以基于当前光标位置和当前活动程序来显示选定对象的数目、类型、变换值和栅格数目等反馈信息。

图　1-22

9. 动画时间控制区

动画时间控制区位于状态栏的右侧，主要用来定义场景动画的关键帧，控制动画的播放效果，包括动画关键点控制及时间控制等，如图1-23所示。

图　1-23

10. 视图控制区

视图控制区在状态栏的最右侧，主要用来控制视图的显示和导航。使用这些按钮可以缩放、平移和旋转活动的视图，用户能够更好地对所编辑的场景对象进行观察。

（1）所有视图可用工具按钮

视图控制区共包含 8 个工具按钮，其中"最大化显示选定对象""所有视图最大化显示选定对象""最大化视口切换"这3个工具按钮，无论视图怎样切换都始终存在，即为所有视图可用的工具按钮。

1）所有视图最大化显示选定对象■：将所有可见的选定对象或对象集在所有视图中以居中最大化的方式显示出来。

2）所有视图最大化显示■：将场景中的对象在所有视图中居中显示出来。

3）最大化视口切换■：可以将活动视口在正常大小和全屏大小之间进行切换，其快捷键为〈Alt+W〉。

（2）其他视图可用工具按钮

在视图控制区中还有其他一些工具按钮会随着用户选择视图的不同，其功能和形态也会随之发生变化，图1-24所示为在不同视图情况下，视图控制区中的工具按钮的显示状态。

图　1-24

1）透视视图和正交视图可用工具按钮（正交视图包括顶视图、前视图和左视图）介绍如下。

① 缩放：使用该工具按钮可以在透视视图或正交视图中通过拖曳光标来调整对象的显示比例。

② 缩放所有视图：使用该工具按钮可以同时调整透视视图和所有正交视图中的对象的显示比例。

③ 视野：使用该工具按钮可以在调整视图中可见对象的数量和透视张角量。视野的效果与更改摄像机的镜头相关，视野越大，观察到的对象就越多（与广角镜头相关），而透视会扭曲。视野越小，观察到的对象就越少（与长焦镜头相关），而透视会展平。

④ 缩放区域：使用该工具按钮可以放大选定的矩形区域，该工具适用于正交视图、透视视图和三向投影视图，但是不能用于摄像机视图。

⑤ 平移视图：使用该工具按钮可以将选定的视图平移到任何位置。

⑥ 环绕：使用该工具按钮可以将视口边缘附近的对象旋转到视图范围以外。

⑦ 选定的环绕：使用该工具按钮可以让视图围绕选定的对象进行旋转，同时选定的对象会保留在视口中相同的位置。

⑧ 环绕子对象：使用该工具按钮可以让视图围绕选定的子对象或对象进行旋转的同时，使选定的子对象或对象保留在视口中相同的位置。

2）摄像机视图可用工具按钮介绍如下。

① 推拉摄像机、推拉目标、推拉摄像机+目标：这3个工具按钮主要用来移动摄像机或其目标，同时也可以移向或移离摄像机所指的方向。

② 透视：使用该工具按钮可以增加透视张角量，同时也可以保持场景的构图。

③ 侧滚摄像机：使用该工具按钮可以围绕摄像机的视线来旋转"目标"摄像机，同时也可以围绕摄像机局部的"z"轴来旋转"自由"摄像机。

④ 平移摄像机、穿行：这两个工具按钮主要用来平移和穿行摄像机视图。

提示

按住〈Ctrl〉键可以随意移动摄像机视图；按住〈Shift〉键可以将摄像机视图在垂直方向和水平方向上移动。

项目总结

3ds Max 2012的界面可划分为10个功能区域，每个区域都有其相对应的具体功能，读者要重点了解这些功能区域的作用，难点在于要掌握各区域内的命令、面板或按钮的基本使用方法，这样才能顺利进行下一步的学习。

项目 **2**
基础建模实战

项目概述

　　在3ds Max 2012中，用几何体创建面板或二维图形创建面板所创建的模型就属于基础建模，其中几何体创建分为"标准几何体"和"扩展几何体"的创建。本项目将通过3个任务的训练制作，学习基础建模方法。

任务1　制作简约书架

 任务分析

　　本任务学习使用多个基本体创建组合物体，并将基本体结合到更复杂的物体中。执行任何操作，都要先选择后操作，变换对象是各种编辑操作的基础，在训练中熟悉变换操作是技术重点。

 任务目标

　　学习标准几何体的创建与修改；掌握对象变换操作方法；能利用所学技能制作简约书架模型。

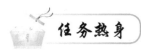 **任务热身**

1. 标准几何体的创建

　　启动3ds Max 2012后，系统默认显示"标准基本体"创建面板，可单击"创建"命令面板中的"几何体"按钮，在其下拉列表中选择"标准基本体"选项。该面板中包括"长方体""球体""圆柱体""圆环"等10种基本体，如图2-1所示。

标准基本体的创建方法有两种：鼠标拖曳法和键盘输入法。两种方法最终的效果相同，只是鼠标拖曳法灵活方便，而键盘输入法则更精确。

（1）创建标准几何体的方法

长方体是3ds Max 2012中最为简单、使用最为广泛的基本体。因为创建方法基本相同，所以下面以长方体的创建方法来讲解鼠标拖曳法。

1）选择"标准基本体"创建面板，单击"对象类型"卷展栏中的"长方体"按钮。

图 2-1

> 在长方体属性面板的"创建方法"卷展栏中，可以生成立方体或长方体。在"参数"卷展栏中，"长度""宽度"和"高度"分别表示长方体的长、宽和高；"长度分段""宽度分段"和"高度分段"分别表示长、宽、高边上的分段数，默认值都是1。

2）在顶视图中，按住左键并拖动，拖动鼠标光标在窗口中生成一个长方形，松开鼠标，就完成了长方体底面的创建。

3）向上或向下移动鼠标光标，在适合的高度处单击，一个长方体就创建好了，如图2-2所示。

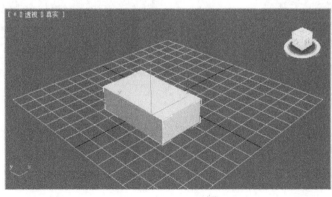

图 2-2

（2）不同几何体的创建参数

在"键盘输入"卷展栏中可以直接输入数值来创建几何体，下面以一块红砖的创建步骤为例讲解键盘输入法。

1）选择"标准基本体"创建面板，单击"对象类型"卷展栏中的"长方体"按钮后，单击"键盘输入"按钮，打开"键盘输入"卷展栏。

2）在"长度""宽度"和"高度"数值框中分别输入24.0、11.5、5.3，单击"创建"按钮，这样一块红砖就创建好了，如图2-3所示。

图　2-3

　　X、Y、Z分别表示长方体底面的中心位置，默认值都是0。
　　"长度""宽度"和"高度"分别表示长方体的长、宽和高。

　　3）新建的长方体，系统默认名为"Box001"，可以在"名称和颜色"卷展栏中输入新的名称"红砖"。单击右侧的色块，打开"对象颜色"对话框，可以将红砖改成砖红色，如图2-4所示。如果没有所要更改的颜色，可以单击"添加自定义颜色"按钮，在打开的"颜色选择器添加颜色"对话框中调出想要的颜色，如图2-5所示。

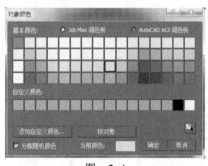

图　2-4

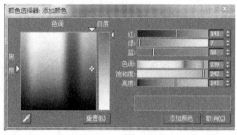

图　2-5

　　在创建完后，可以在"参数"卷展栏中调整属性参数，同时视图中的物体随之发生变化。但创建完后进行了其他操作，就要单击■按钮，打开"修改"命令面板，选择要修改的物体，对它进行修改。

　　（3）其他几何体的参数面板
　　标准几何体的参数设置有一部分相似，但也有不同。例如，球体的参数面板就有切片处理的设置，在其他与圆相关的建模中也会有所涉及。下面就以球体参数面板为例进行介绍。选择"标准基本体"创建面板中的"对象类型"卷展栏，单击"球体"按钮，展开"参数"卷展栏。

　　1）分段：可设置球体上的片段数，默认值是32。当勾选了"平滑"复选框时，增加分段数，可以提高模型的精度，但同时也增加了模型的复杂程度。

　　2）半球：默认情况下其值为0，显示为整个球体。数值变大，显示的球体从底部开始"切削"。当数值为0.5时，显示为半球体；当数值为最大值为1时，球体会完全消失。选中"切除"单选按钮后，增大"半球"的数值，球体上片段的分布和数量没有改变；选中"挤压"单选按钮时，则片段数被挤压到半球体上。

3）切片启用：勾选"启用切片"复选框后，下面的"切片起始位置"和"切片结束位置"被激活，可以分别设置切片的起始角和终止角，而起始角和终止角之间的部分会被切掉。对球体从0°～270°进行切片处理得到的结果，如图2-6所示。

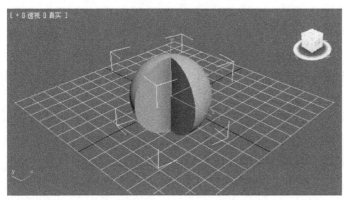

图　2-6

4）轴心在底部：勾选此复选框，球体坐标系的中心会从球体的生成中心调整到球体的底部。

> 参数的调整方法有3种，可单击数值框中的上、下微调按钮；也可以在上、下微调按钮上按住鼠标左键，然后上下拖动鼠标；还可以直接输入数值。

2. 选择操作

想要执行所有的操作，都要先选择后执行，因此选择操作是各种编辑操作的基础。在3ds Max 2012中，提供了多种选择物体的方式。可以利用鼠标单击选择物体，也可以利用选择窗口选择物体。

（1）基本选择方法

选择单个物体时，直接使用选择工具在物体上单击即可。选择多个物体时，按住〈Ctrl〉键单击加选；对于选中的物体，按住〈Ctrl〉键单击则是减选。选中的物体呈白色显示。单击空白处可取消选择。

此外，也可以使用"编辑"菜单中的命令，如全选、全部不选、反选或根据条件选择物体。

（2）使用区域选择

区域选择工具包括"矩形选择区域"▆（默认选择方式）、"圆形选择区域"◉、"围栏选择区域"▆、"套索选择区域"◪和"绘制选择区域"▆。在主工具栏中可以找到相应的按钮，在按钮上单击，然后拖动即可切换区域工具。

使用区域选择工具，在视图中单击拖动，松开鼠标结束选择区域的绘制。可以选中全部在选择区域内的物体，也会选中一部分在选择区域内的物体，这是交叉窗口选择模式▆（默认）。在主工具栏中单击▆按钮，切换到窗口模式▆（按钮呈蓝色显示），这时只能选中全部在选择区域内的物体。

（3）使用名称选择

复杂的场景中有很多物体，使用名称、颜色选择会使选择操作变得简单方便。可以单击主工具栏中的"按名称选择"按钮，也可在菜单栏中执行"编辑"→"选择方式"→"名称"命令，都会弹出"从场景选择"对话框，在该对话框中可以对物体进行选择，如图2-7所示。

在该对话框的列表框中列出了场景中所有物体的名称，便于直接在该列表中选择。在选项区中，单击按钮，就可以在下面的列表中只显示选中类别的物体名称。单击按钮可以选中所有；单击按钮可以取消所有选择；单击按钮可以反向选择，使之前选中的变成未选中状态，未选中的变成选中状态。

（4）使用选择集选择

为了方便灵活地选择经常重复使用的同一组物体，3ds Max 2012提供了一种选择集选择方式，便于保存并重新利用原来已选定的对象组。

选择多个物体后，在主工具栏中单击按钮，可以打开"命名选择集"对话框，如图2-8所示。单击"创建新集"按钮，可以创建新集，且可以更改名称。单击面前的"+"号，可以展开集合，看到所包含的对象。当选择集处于高亮的选择状态时，在视图中选中物体，单击按钮，可以在选择集中增加物体；单击按钮，可以在选择集中将物体移出，也可以直接在选择集中选中物体，单击按钮将其移出。

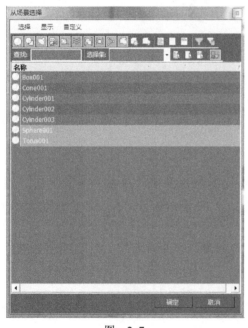

图 2-7

图 2-8

想要再次选择集中的物体，可在主工具栏中的"创建选择集"按钮旁的下拉列表框中选择。

（5）使用过滤器选择

复杂的场景由很多不同类型的物体组成，选择时很容易发生误操作。3ds Max 2012提供的"选择过滤器"可以指定某些类型的物体处于可选择状态，而其他物体即使在选择区域内也不会被选中。

在主工具栏的"选择过滤器"下拉列表框 全部 ▾ 中选择物体类型。物体的类型包括"全部""几何体""图形""灯光""摄像机"等选项。选择"全部"选项（默认），表示可选择所有物体的类型。

（6）其他的选择操作

当场景中有大量物体时，选择的隐藏与冻结及选择的锁定与隔离功能，可以有效防止误操作，同时还可以加速视图显示。

1）隐藏与冻结。

选择物体后，单击"显示"命令面板，在"隐藏"卷展栏中，单击"隐藏选定对象"按钮，可以将选定的对象隐藏；单击"隐藏未选定对象"按钮，可以将未选定的对象隐藏；单击"全部取消隐藏"按钮，可以显示隐藏的对象，并可以选中之前隐藏的对象，如图2-9所示。隐藏后的物体在视图中不显示。

展开"冻结"卷展栏，单击"冻结选定对象"按钮，可以将选定的对象冻结；单击"冻结未选定对象"按钮，可以将所有未选择选定对象冻结；单击"全部解冻"按钮，可以解除所有冻结的对象，如图2-10所示。冻结后的物体在视图中以暗灰色显示。

2）选择的隔离。

选中物体后，在菜单栏中执行"工具"→"孤立当前选择"命令，当前选中的物体将被隔离出来，在视图中单独显示并最大化，并弹出一个对话框，单击"退出孤立模式"按钮，就可以退出隔离选择模式，如图2-11所示。

图　2-9　　　　　　图　2-10　　　　　　图　2-11

3）选择的锁定。

在复杂的场景中，当要对很小的物体进行反复操作时，很容易丢失对物体的选择。使用3ds Max 2012中的"锁定选择"工具可以锁定当前选择的物体，这时在视图中执行操作，就不会丢失对物体的选择。当操作完成后，可以取消锁定，进行其他操作。

"锁定选择"按钮 🔒 在屏幕下方的状态栏中，单击该按钮或按空格键，可以使用锁定选择，这时按钮变为黄色，再次单击该按钮则取消锁定，即恢复为默认状态。

3．变化操作

因为在3ds Max 2012中，不能一次就创建出尺寸和空间位置都适合的物体，所以需要对物体执行相应的变换操作。变化操作包括物体的移动、旋转和缩放，而所有的变换操作都是以坐标系为前提的。

（1）3ds Max 2012中的坐标系

在主工具栏中的"参考坐标系" 视图 ▾ 下拉列表框中，可以选择并切换坐标系。其中，各种坐标系的含义如下。

1）视图：该坐标是系统默认的最常用的坐标系，是一种包含了世界坐标系和屏幕坐标系的混合坐标系。在正交视图（如"顶视图""前视图"和"左视图"）中，与"屏幕"坐标系一致；在非正交视图（如"透视图""用户""摄像机"等）中，与"世界"坐标系一致。

2）屏幕：屏幕坐标系是以当前激活的视图来定义的。在不同的视图中，坐标系的轴将发生变化，X轴水平向右，Y轴垂直向上，Z轴由屏幕内指向外面，这样坐标的XY平面始终平行于视窗。

3）世界：世界坐标系是一个固定不动的坐标系，在所有的视图中，X轴表示水平方向，Y轴表示垂直方向，Z轴垂直于"顶视图"向上，其原点位于主栅格不变。

4）父对象：主要用于存在父子链接设置的场景中。选中物体的坐标系跟着父对象的坐标系改变而改变。如果不存在父子链接，此时等同于"世界"坐标系，因为所有物体都可以看成世界的子物体。

5）局部：创建每个物体时，都会依附于物体生成一个坐标系，这个坐标系由物体的轴点决定。想要调整物体的轴点，可以在"层次"面板中单击"调整轴"卷展栏中的"仅影响轴"按钮。"局部"坐标系的3个旋转轴必须是垂直的。

6）万向：与"局部"坐标系类似，只是"万向"坐标系的3个旋转轴可以不垂直。

7）栅格：激活默认主栅格，栅格坐标系等同于"视图"坐标系。也可以将"栅格"辅助物体定义为工作栅格，取代视图中的主栅格。

8）拾取：该坐标系具有很强的操作性，是3da Max中一种很重要的坐标系。可以将选择的对象同场景中某一物体的坐标系相适配。

（2）对象的移动变换

在主工具栏中，单击"选择并移动"按钮。选中物体后，就会显示一个三维坐标系。当鼠标光标移至箭头处时，坐标轴呈高亮的蓝色显示，物体只能沿着单独的坐标轴移动；当鼠标光标移至区域拐角线时，可以同时选择拐角线两端的两个轴向，这时两个坐标轴之间有一个正方形区域呈高亮显示，拖曳选中的物体，就可以在两条坐标轴所在的平面内移动物体。

右键单击主工具栏中的"选择并移动"按钮，打开"移动变换输入"对话框，在文本框中输入数值，可以精确移动对象，如图2-12所示。

"移动变换输入"对话框，由"绝对：世界"和"偏移：世界"两个选项区组成。"绝对：世界"表示物体的绝对坐标，没有移动之前数值为0。"偏移：世界"表示物体的相对变化。

（3）对象的旋转变换

在主工具栏中，单击"选择并旋转"按钮。选中物体后，在其周围会出现一些圆圈所形成的平面，选中某个平面后，拖曳鼠标，物体就会在该平面内旋转。

右键单击主工具栏中的"选择并旋转"按钮，打开"旋转变换输入"对话框，在文本框中输入数值，可以精确旋转对象，如图2-13所示。

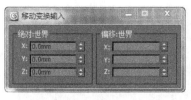

图 2-12　　　　　　　　　　　　　图 2-13

（4）对象的缩放变换

缩放变换可分为等比缩放和不等比缩放。在3ds Max 2012中，在主工具栏中单击■按钮并向下拖动，可以选择"选择并均匀缩放"■、"选择并非均匀缩放"■和"选择并挤压"■3种缩放形式，单击不同的按钮即可切换缩放模式。

1）等比缩放。使用"选择并均匀缩放"工具，可以使物体的3个轴都按照相同的比例缩放。

2）不等比缩放。使用"选择并非均匀缩放"或"选择并挤压"工具，可以使物体按照不同的比例进行缩放。其中，"选择并非均匀缩放"工具，可以使物体沿一个或两个轴按一定比例单独缩放；"选择并挤压"工具，可以使物体按相反方向的两轴进行缩放，并保持物体的体积不变。

可以直接用鼠标进行变换操作，也可以单击变换按钮后，按键盘上的方向键（上、下、左、右4个键）对物体进行精细的变换操作。

（5）多个对象的变换

多个对象的变换工具包括"使用轴点中心"■、"使用选择中心"■和"使用变换坐标中心"■3种。在主工具栏中单击■按钮并向下拖动，可以切换多个对象的变换中心。

1）以各对象的轴心点为中心的变换。单击主工具栏中的"使用轴点中心"按钮时，场景中所有的物体都是以各自的轴心点为中心进行变换的。

2）以选择集的中心为中心的变换。单击主工具栏中的"使用选择中心"按钮，将鼠标光标移到某一个坐标轴时，使之变成黄色，移动鼠标，则选中的物体均以选择集的中心为中心进行变换。

3）以当前坐标系原点为中心的变换。单击主工具栏中的"使用变换坐标中心"按钮，将鼠标光标移至某一个坐标轴，使之变成黄色，移动鼠标，则所有的物体均以当前坐标系原点为中心进行变换。

任务实施

制作简约书架的实现步骤如下：

1）在顶视图中创建一个长度为350、宽度为2000、高度为40的长方体，然后在左视图中创建两个长度为150、宽度为350、高度为40的长方体，并调节3个长方体，如图2-14所示。同时选中3个长方体并按住〈Shift〉键，向上复制出4个，如图2-15所示。

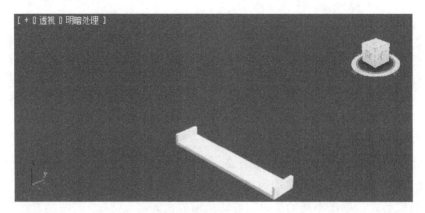

图 2-14

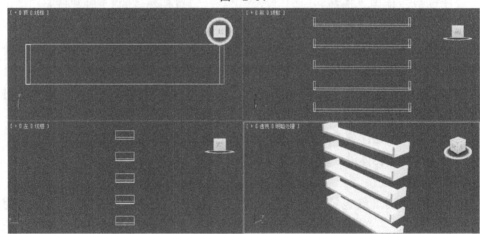

图 2-15

2）在顶视图中创建一个长度为40、宽度为40、高度为1800的长方体，按住〈Shift〉键，复制出4个长方体并调整，如图2-16所示。

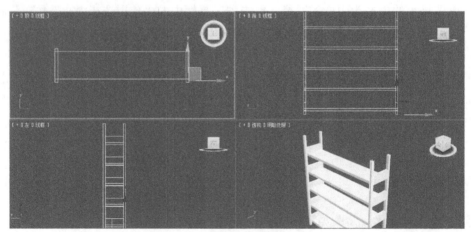

图 2-16

3）在左视图中创建两个长度为20、宽度为40、高度为350的长方体并调整，如图2-17所示。

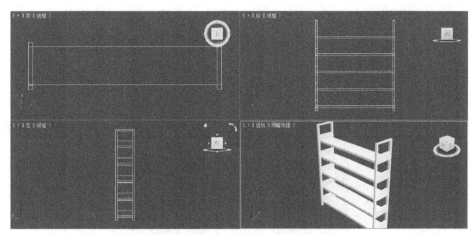

图 2-17

任务2 制作电视柜

在创建物体之前，要学会分析一个物体是由哪种基本体和扩展体组成的，然后会熟练地使用各种基本体和扩展体把物体创建出来。在物体的创建过程中，会灵活地使用各种复制方法复制物体，以简化创建过程。还要养成将关联性很高的物体群组并命名的好习惯，方便以后进行选择和修改。

任务目标

学习扩展基本体的创建与修改；学习使用复制和群组的方法；能利用所学技能制作电视柜模型。

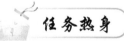

1. 扩展基本体

扩展基本体模型是3ds Max中复杂基本体的集合，它包括异面体、环形结、切角长方体、切角圆柱体、油罐、胶囊、纺锤、L-Ext、球棱柱、C-ExT、环形波、棱柱和软管共13种类型。其控制参数比较多，通过调节这些参数，可以获得大小不一、形状各异的变形体。

单击"创建"命令面板中的"几何体"按钮，在下拉列表框中选择"扩展基本体"选项，就会打开扩展基本体创建面板，如图2-18所示。

（1）异面体

在"对象类型"卷展栏中单击"异面体"按钮，就会展开异面体的"参数"卷展栏，如图2-19所示。

图 2-18   图 2-19

1）系列：分为"四面体""立方体/八面体""十二面体/二十面体""星形1"和"星形2"5种基本异面体类型，如图2-20所示。

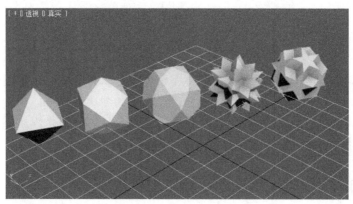

图 2-20

2）系列参数：设定"P"参数和"Q"参数可控制异面体顶点和面之间的形状转换。

创建3个半径相同的星形2，其中第1个星形体的P值设为1，第3个星形体的Q值设为1，可以得到如图2-21所示的不同星形。

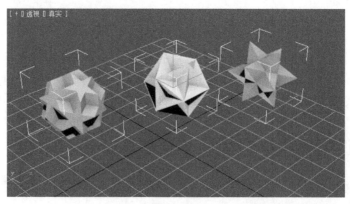

图 2-21

3）轴向比率：设定P、Q与R参数，可对异面体沿不同的轴进行缩放变形，单击"重设"按钮，可使所做设置不生效并恢复到原状态。

4）顶点：表示结点在异面体上所处的位置。包括"基点""中心""中心和边"3个单选按钮。

5）半径：用于设置所创建异面体的半径。

异面体的创建方法非常简单，只需要在视图内单击拖动，松开鼠标就会生成异面体。可以在创建之前设定其参数，也可以在创建好之后修改其参数。

（2）切角长方体

切角长方体是扩展几何体中常用的一种模型，可以看成长方体的各条棱边定义了切角，可以用于创建桌、柜、椅子等模型。

单击"创建"命令面板中的"几何体"按钮，在下拉列表框中选择"扩展基本体"选项。在"对象类型"卷展栏中单击"切角长方体"按钮，就会打开切角长方体的"参数"卷展栏，如图2-22所示。

其中，"长度""宽度""高度"和"圆角"决定了切角长方体的大小和形状。"圆角"用来设置切角长方体的圆角大小。"圆角分段"用来设置切角长方体圆角的划分片段数。

（3）环形结

环形结可以看作圆环打结产生的。

单击"创建"命令面板中的"几何体"按钮，在下拉列表框中选择"扩展基本体"选项。在"对象类型"卷展栏中单击"环形结"按钮，就会打开环形结的"参数"卷展栏，如图2-23所示。

图 2-22

图 2-23

环形结的"参数"卷展栏由"基础曲线""横截面""平滑"和"贴图坐标"4个选项区组成。

1）基础曲线：选中"结"单选按钮，可创建圆环结；选中"圆"单选按钮，可创建圆环。"半径"可设置圆环结的整体大小，"分段"可调节圆环结周长方向上的片段数。当选中"结"单选按钮时，P、Q值可控制曲线路径蜿蜒缠绕的圈数；当P、Q值都为1时，即可得到一个圆环；P、Q值越大，上下方向和径向的回转数越大。当选中"圆"单选按钮时，可以通过"扭曲数"和"扭曲高度"来设置圆环体上弯曲点的数目和弯曲的高度。当"扭曲数"参数的值为0时，也会成圆环。图2-24所示是环形结所能产生的效果。

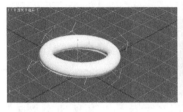

图 2-24

2）横截面："半径"用于设置圆环结的截面半径，"边数"用于设置圆环结截面圆周方向上的片段数，"扭曲"用来设置截面的扭曲度，其中，"块""块高度"和"块偏移"用来设置肿块的数目、高度和偏移值。通过数值的调整，可以得到图2-25所示的效果。

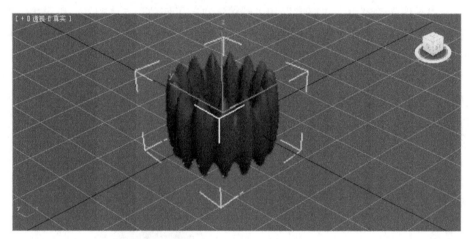

图 2-25

3）平滑：设置圆环结的光滑程度。

4）贴图坐标：设置圆环结表面的贴图坐标和其他参数。

（4）环形波的创建

环形波是一种特殊的环形体，结构较为复杂，控制参数比较多。可以静态设置，也可以动态设置。

单击"创建"命令面板中的"几何体"按钮，在下拉列表框中选择"扩展基本体"选项。在"对象类型"卷展栏中单击"环形波"按钮，就会打开环形波的"参数"卷展栏，如图2-26所示。

1）环形波大小：用于控制环形波的基本参数。

2）环形波计时：用于环形波从无到完整大小的动态生长过程。选中"无增长"单选按钮，不产生生长动画；选中"增长并保持"或"循环增长"单选按钮，将会产生生长动画。

3）外边波折和内边波折：用于设置环形波外圈、内圈的形状和动画效果。勾选"启用"复选框，可以激活选项区。

4）曲面参数：用于设置纹理贴图的坐标和对创建模型的表面进行光滑处理。

图 2-26

（5）软管的创建

软管是一种可以连接在两个物体之间的可弯曲的管子，它可随着物体的移动而改变。单击"创建"命令面板中的"几何体"按钮，在下拉列表框中选择"扩展基本体"选项。在"对象类型"卷展栏中单击"软管"按钮，就会打开软管的"参数"卷展栏，如图2-27所示。可以改变软管的长度和直径，还可以改变软管中皱褶的数目、大小和形状。

图 2-27

1）端点方法。

选中"自由软管"单选按钮，生成的软管是一个独立的物体，两端不受任何约束，此时"自由软管参数"选项区被激活，在"高度"数值框中，可设置软管的高度。

选中"绑定到对象轴"单选按钮，将生成两端固定的软管，此时"绑定对象"选项区被激活，可实现软管与其他物体的连接。"张力"数值框，决定软管连接处的弯曲度，如图2-28所示，数值越大，弯曲程度越高。当两个"张力"参数的值都是0时，就是直管。

2）公用软管参数。

图 2-28

"分段"数值框用于设置软管高度方向上的片断数，分段数越多，软管越光滑，管体褶皱越细腻。勾选"启用柔体截面"复选框，就会产生皱褶效果；若不选择此复选框，则软管就会变成一个柱体。"起始位置""结束位置"和"周期数"数值框分别用于设置软管中部皱褶的起始位置、结束位置和数目；"直径"数值框用于设置皱褶的直径，正值和负值分别表示凹入和凸出。

3）软管形状。

用于设置软管的截面形状，可以设置"圆形软管"（默认）、"长方形软管"和"D截面软管"，效果如图2-29所示。

 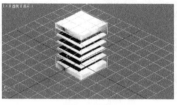 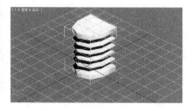

图 2-29

2. 对象的复制

复制用于创建相同的物体。在3ds Max中复制的方法有很多种，如镜像复制、阵列复制等。

（1）对象的直接复制

最常用、最简单的复制方式就是直接复制。选择变换工具，按住〈Shift〉键的同时拖曳鼠标；或在菜单栏中执行"编辑"→"克隆"命令，都会弹出"克隆选项"对话框，如图2-30所示。

1）在"对象"选项区中有3种复制对象的方法。

①复制：复制出来的物体与源物体没有任何关系。如果对源物体进行编辑修改，则复制品不会受到影响。

图 2-30

②实例：复制出来的物体与源物体是相互关联的，如果对其中之一进行编辑修改，则其他的物体也会随之变化。但使用这种方法复制的物体可以拥有不同的材质，常用于多个地方使用同一个物体的情况。

③参考：源物体与复制出来的物体具有单向性，即对源物体进行编辑修改，复制品也会随之变化；而对复制品进行编辑修改，源物体不会受到影响。

2）"控制器"选项区用于选择复制和实例化原始物体的子物体的变换控制器。只有在复制的物体包含两个或多个层次连接的物体时才能使用。

①复制：复制物体的变换控制器。

②实例：实例化复制层次顶级下面的复制物体的变换控制器。

（2）对象的镜像复制

镜像复制好比模拟镜子的效果，把物体对应的虚像复制出来。

选中物体后，单击主工具栏中的"镜像"按钮![镜像]，就会弹出"镜像世界坐标"对话框，如图2-31所示。

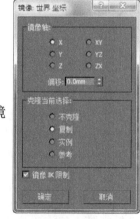

1）镜像轴：用于设置镜像的轴或平面，"X"轴是默认轴。

2）偏移：用于设定镜像对象偏移源物体轴心点的距离。

3）克隆当前选择：用于设定物体是否复制、以何种方式复制。默认选中"不克隆"单选按钮，即只翻转物体而不复制物体。

图 2-31

3. 对象的群组

使用组将几个物体组合在一起后，可以把它们当成同一个物体来进行操作，还可以对组中的单个物体进行操作。把一些关联性很高的物体组合在一起，方便对物体进行移动、复制等操作，同时还能对局部进行单独控制。

（1）组的建立与分离

选中物体，在菜单栏中执行"组"→"成组"命令，打开"组"对话框，如图2-32所示。在"组名"文本框中给组命名后，单击"确定"按钮，完成组的建立。选中组后，在菜单栏中执行"组"→"解组"命令，可以取消编组。

图　2-32

选中组，在菜单栏中执行"组"→"打开"命令，这时组的边框变成粉红色，可以选择组或组中的单个物体进行操作。选中组中的任意对象，在菜单栏中执行"组"→"关闭"命令，可以关闭组。

（2）组的编辑与修改

组的编辑与修改就是可以在组中增加或减少物体，并且嵌套使用组。

选中要新加入组中的物体，在菜单栏中执行"组"→"附加"命令后，再单击组中的物体，就可以将另外的物体加入组中。选中物体后，在菜单栏中执行"组"→"分离"命令，可以把物体从组中分离出去。

组还可以嵌套使用。选中组和单独的物体后，在菜单栏中执行"组"→"成组"命令，可以组成一个新组；一次一次地在菜单栏中执行"组"→"解组"命令，可以一层一层地取消组；如果想一步取消所有的组关系，可以直接在菜单栏中执行"组"→"炸开"命令，则所有层级的组关系都将被取消。

任务实施

制作电视柜的实现步骤如下：

1）单击"创建"命令面板中的"几何体"按钮，在下拉列表框中选择"扩展基本体"选项，在"对象类型"卷展栏中单击"切角长方体"按钮，在顶视图中创建一个长度为1250、宽度为400、高度为4、圆角为2的切角长方体，如图2-33所示。

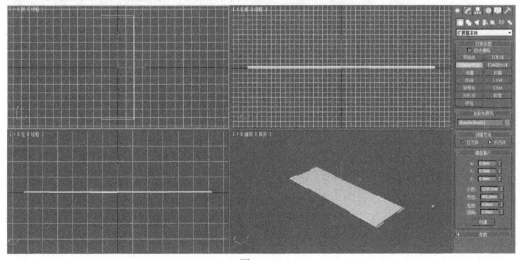

图　2-33

2）单击"创建"面板中的"几何体"按钮，在下拉列表框中选择"标准基本体"选项，在"对象类型"卷展栏中单击"长方体"按钮，在顶视图中创建一个长度为400、宽度为350、高度为120的长方体，单击主工具栏中的"对齐"按钮，如图2-34所示。

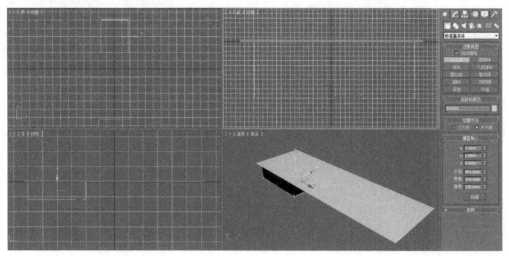

图 2-34

3）单击"创建"面板中的"几何体"按钮，在下拉列表框中选择"扩展基本体"选项，在"对象类型"卷展栏中单击"切角长方体"按钮，然后在顶视图中创建一个长度为400、宽度为15、高度为120、圆角为2的切角长方体，如图2-35所示。

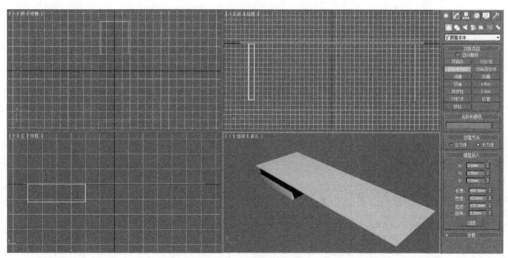

图 2-35

4）单击"创建"面板中的"几何体"按钮，在下拉列表框中选择"扩展基本体"选项，在"对象类型"卷展栏中单击"切角长方体"按钮，然后在左视图中创建一个长度为20、宽度为20、高度为10、圆角为2的切角长方体，如图2-36所示。

5）选择抽屉的3个部分，在菜单栏中执行"组"→"成组"命令，打开"组"对话框，命名为"抽屉"。然后在顶视图中按住〈Shift〉键向右拖动鼠标复制出第2个抽屉，如图2-37所示。

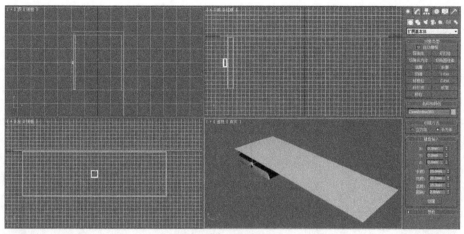

图 2-36

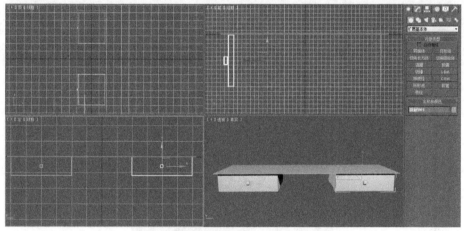

图 2-37

6）单击"创建"面板中的"几何体"按钮，在下拉列表框中选择"扩展基本体"选项，在"对象类型"卷展栏中单击"切角长方体"按钮，然后在顶视图中创建一个长度为1200、宽度为400、高度为4、圆角为2的切角长方体，移动到图2-38所示的位置。

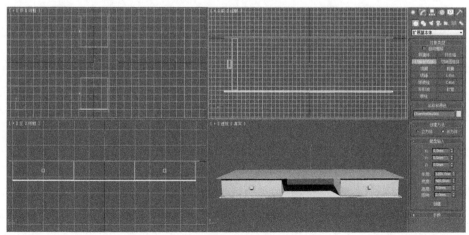

图 2-38

7）单击"创建"面板中的"几何体"按钮，在下拉列表框中选择"标准基本体"选项，在"对象类型"卷展栏中单击"圆柱体"按钮，然后在顶视图中创建一个半径为20、高度为100的圆柱体。按住〈Shift〉键并向右拖动鼠标复制出其他圆柱体，如图2-39所示。

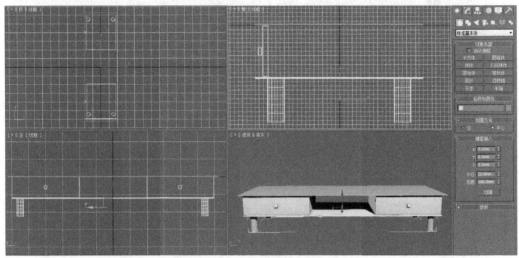

图　2-39

8）按〈Shift+Q〉快捷键渲染透视图，结果如图2-40所示。

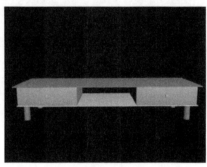

图　2-40

任务3　制作铁艺鞋架

 任务分析

本任务主要学习二维图形的创建与修改，掌握阵列工具的应用；结合几何体的创建制作精美的造型。

 任务目标

学习二维图形的创建与修改；掌握阵列、对齐、捕捉、网格的使用方法；能利用所学技能制作铁艺鞋架模型。

任务热身

1. 二维图形的创建

二维图形可以通过执行"创建"→"图形"中的相应命令来创建；也可以单击"创建"命令面板中的"图形"按钮来创建，其下拉列表框中包括"样条线"（默认）、"NURBS曲线"和"扩展样条线"3个选项，如图2-41所示。

（1）创建线条

1）单击"创建"命令面板中的"图形"按钮，在打开的"图形"创建面板中单击"线"按钮，这样就会打开"线"属性面板，如图2-42所示。

图 2-41

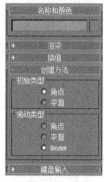

图 2-42

2）在"创建方法"卷展栏的"初始类型"和"拖动类型"选项区中都选中"角点"单选按钮。

提示

"初始类型"用来设置画线模式。选中"角点"单选按钮时，以直线方式创建线条，选中"平滑"单选按钮时，以光滑曲线方式创建线条。"拖动类型"用来设置端点类型。选中"角点"单选按钮时，顶点两端以直线段连接，线段之间形成尖角，并且角度可任意变换；选中"平滑"单选按钮时，顶点两端以光滑曲线连接；选中"Bezier"单选按钮时，则以光滑的Bezier曲线连接，而且顶点也可调节。

3）激活顶视图，在起点处单击，然后向下移动鼠标指针，在第2点处单击，再移动鼠标指针，确定第3点、第4点等，如图2-43所示。

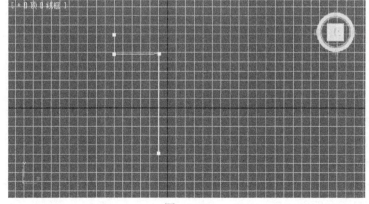

图 2-43

4）绘制出字母T的轮廓，在结束点回到起点时会弹出如图2-44所示的"样条线"对话框，单击"是"按钮，封闭图形。

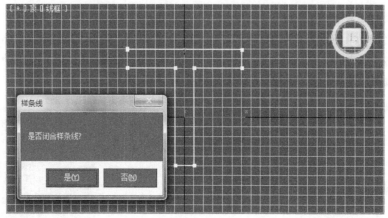

图　2-44

此外，再描述一下"线"属性面板中其他卷展栏的作用。

①"渲染"卷展栏：用来设置曲线的可渲染性和渲染参数（系统默认不可渲染）。想要在渲染图中看到有厚度的曲线，应选中"渲染"单选按钮，并调整"厚度"参数的值；想要在视图中看到渲染的效果，应先勾选"在视口中启用"复选框，再勾选"使用视口设置"复选框，最后选中"视口"单选按钮（只能改变视图中的显示效果）。"边"和"角度"参数可以控制曲线界面的边数和扭曲角度，如图2-45所示。

②"插值"卷展栏：用来设置曲线的精度。"步数"文本框用来设置曲线两个顶之间自动生成的点数，默认值是6；选择"优化"复选框，可将曲线中多余的点去掉，如图2-46所示。

图　2-45

图　2-46

（2）创建文本

文本是一种比较特殊的二维造型。单击"创建"命令面板中的"图形"按钮，在打开的"图形"创建面板中单击"文本"按钮，就会打开"文本"属性面板，可设置字体，如斜体字体和下画线；对齐方式，如左对齐、居中对齐、右对齐、两端对齐；字的大小；字间距和行间距等，如图2-47所示。

（3）创建螺旋线

"螺旋线"可以创建出平面或空间的螺旋线，也可以创建出物体的运动路径。在"图形"创建面板中单击"螺旋线"按钮，就会展开螺旋线的"参数"卷展栏。其中，"半径1"和"半径2"分别用来设置螺旋线的内径和外径；"圈数"用来设置起点和终点之间螺旋线旋转的圈数；"偏移"用来设置螺旋线向某个顶点的偏移强度（当高度为0时，调节"偏移"参数的值没有变化）；"顺时针"和"逆时针"用来设置螺旋线的方向，如图2-48所示。

图　2-47

图　2-48

2. 二维图形的修改

如果想要对绘制的二维图形进行编辑，则可以单击"修改"按钮，在"修改"命令面板中对二维图形进行编辑。多数的二维图形，只能直接进行简单的数值更改；而"线"是一种特殊的二维图形，可以对其进行一些其他编辑。

选中线后，单击"修改"命令面板，展开"Line"结点，可看到"顶点""线段"和"样条线"3个子级别，如图2-49所示。

"修改"命令面板包括"选择""软选择"和"几何体"3个卷展栏，其展开效果如图2-50所示。

图　2-49

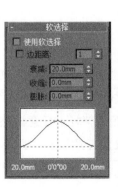

图　2-50

（1）"选择"卷展栏

通过单击▨、◢或◣按钮，可以分别进入"顶点""线段"和"样条线"3个子级别对物体进行修改（子物体层级不同，可进行的操作也不同）。如果在当前级别下不能使用，则系统就会显示为灰色。

1）锁定控制柄：当选取多个顶点时，移动一个控制杆，所有选中的顶点都跟着一起动。选中"相似"单选按钮，只能同时移动同一侧的调整杆控制柄；选中"全部"单选按钮，可同时移动两侧的调整杆控制柄。

2）区域选择：选取一个顶点时，可以同时选中多个顶点。可在数值框中输入数值来确定选中区域的半径。

3）线段端点：可通过单击样条线上的线段，选中靠近该线段的顶点。

4）选择方式：在线段编辑模式下，要选中线段的顶点时，按住〈Ctrl〉键并单击多个线段，可以选中多个线段的顶点。

5）显示：勾选"显示顶点编号"复选框，可显示所有顶点的编号；若再勾选"仅选定"复选框，，则可以只显示选定顶点的编号。

（2）"软选择"卷展栏

勾选"使用软选择"复选框后，选中一个顶点，顶点周围的点会处于不同的选中状态。距离越近，选中的可能性越大。因此通过调整"软选择"卷展栏中的数值，可以对选中顶点的影响范围和程度进行调整。

1）边距离：用来设定区域内受影响的边数。

2）衰减：用来设定受影响区域的半径。

3）收缩：用来设定选择曲线的锐化程度，也可增加或减少曲线沿垂直轴方向顶点的选择。

4）膨胀：可以沿垂直轴扩展或收缩曲线。

（3）"几何体"卷展栏

"几何体"卷展栏提供了大量对曲线进行编辑的工具（非常重要），这是因为多数对曲线的编辑都在这个卷展栏中。

1）新顶点类型。

① 线性：线性顶点，两侧的线条呈一定夹角。

② 平滑：平滑顶点，两侧线条为曲线。

③ Beizer：选中Beizer顶点，可以在调整杆上任意调整控制柄，改变曲线形态。调整杆只能在同一条直线上，对称移动，并且顶点两侧的线段形状一致。

④ Beizer角点：选中Beizer角点顶点，也可以在调整杆上任意调整控制柄，改变曲线的形态。与Beizer顶点的区别是，调整杆可以呈一定夹角任意调整。

图2-51所示依次为曲线4种类型的顶点。如果想更改顶点类型，可单击鼠标右键，在弹出的快捷菜单中选择。

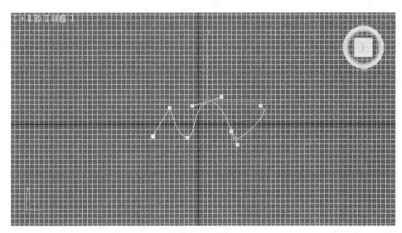

图 2-51

2) 其他参数介绍。

① 创建线：可以绘制新曲线，并把它加入到原曲线中，成为一组。

② 断开：能够将一个顶点断开为两个顶点。

③ 附加：单击该按钮后，单击某个未处于编辑状态的曲线，可将其与当前曲线合并为一个组合物体。

④ 附加多个：单击该按钮后，打开"附加多个"对话框，显示场景中所有可被结合的曲线，选中所有希望结合到当前可编辑曲线中的形状，单击"附加"按钮即可，如图2-52所示。

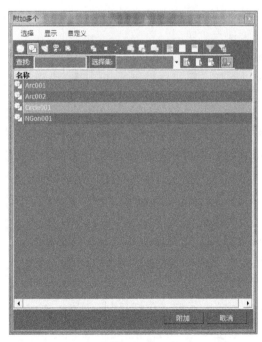

图 2-52

⑤ 重定向：勾选该复选框，新加入的曲线会移动到原样条线的位置。

⑥ 优化：单击该按钮后，在曲线上单击增加顶点，但曲线的曲率不改变。再次单击

该按钮或鼠标右键，可结束此操作。在单击"优化"按钮前，可勾选后面的"连接"复选框，这时结束增加顶点后，将创建一个连接所有新增顶点的线；同时还可以勾选下面的4个复选框。其中，"线性"复选框可以使新线的各线段为直线或曲线；"绑定首点"复选框可以使新增的最后一个顶点绑定到所选线段的中心。

⑦ 焊接：可以将两个或两个以上的顶点合成一个顶点，可在后面的数值框中调整焊接的范围。

⑧ 连接：可以封闭曲线或将两条曲线相连。

⑨ 插入：可以插入顶点，创建附加线段。

⑩ 设为首顶点：可将不是第1个顶点的任何点设置为第1个顶点。

⑪ 熔合：可以移动所有选中的顶点到其平均中心位置重叠，主要用来辅助创建使用"曲线"编辑修改器的线框模型。

⑫ 循环：可以用于循环选择顶点，用来选择使用其他方法不好选中的顶点。

⑬ 相交：可以在属于同一曲线对象的两条线的交叉处增加交叉点，可在后面的数值框中设置交叉界限。

⑭ 圆角：可以调整顶点的圆角。单击该按钮后，可以直接拖动某个顶点，也可以选择顶点输入数值。

⑮ 切角：可以设置形状角部的倒角。创建方法同"圆角"。

⑯ 隐藏：可以隐藏所选顶点两侧的线段。

⑰ 全部取消隐藏：可以显示被隐藏的顶点。

⑱ 绑定：单击该按钮后，拖动顶点到某个选中的线段，顶点会跳至该线段中心。

⑲ 取消绑定：可以解除顶点绑定。

⑳ 删除：可以删除顶点和相连的线段。

㉑ 显示选定线段：可以将顶点子对象层级的任何所选线段高亮显示为红色。

3. 对象的阵列复制

通过阵列复制同时可以复制出多个相同的对象，并且使它们在空间上有序排列。在主工具栏的空白处单击鼠标右键，在弹出的快捷菜单中选择"附加"选项，找到"附加"工具栏中的"阵列"按钮，如图2-53所示；也可直接在菜单栏中执行"工具"→"阵列"命令，这两种方法都会打开"阵列"对话框，如图2-54所示。

（1）阵列变换

阵列变换用来设置一维方向上的各种参数，包括"增量"和"总计"两栏。其中"移动""旋转"和"缩放"选项，可根据需要单击箭头按钮，切换左右的数值。

（2）对象类型

对象类型用来设置复制对象的类型（包括复制、实例、参考），同"复制"对话框。

（3）阵列维度

阵列维度用来创建不同维度的阵列。"1D"单选按钮用来创建一维阵列，在其后面的文本框中可以设置阵列的列数；"2D"或"3D"单选按钮可创建二维或三维阵列，并且可以设置阵列的"数量"和"增量行偏移"。

图 2-53

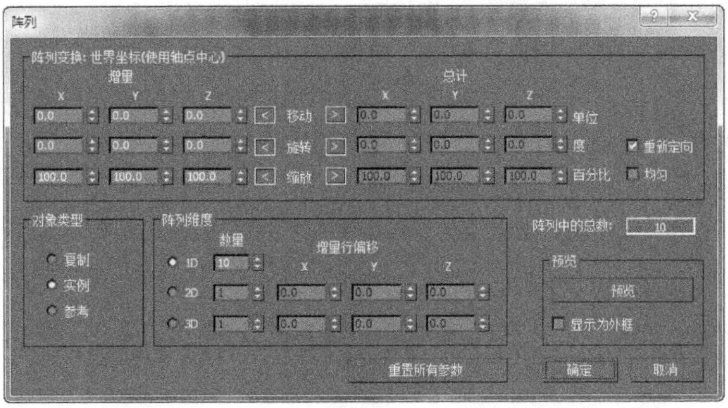

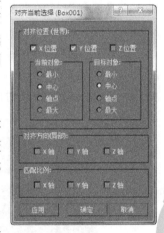

图 2-54

4. 对齐工具

对齐工具是3ds Max 2012中的常用工具，用于精确地创建物体，也用于与其他物体对齐。在主工具栏中的"对齐"按钮上单击，就会弹出"对齐" 、"快速对齐" 、"法线对齐" 、"放置高光" 、"对齐摄影机" 、"对齐到视图" 这组对齐工具，可精确确定物体之间的位置。

（1）"对齐"工具的使用

对齐工具主要用于对齐两个或两个以上的对象。选中物体后，在主工具栏中单击"对齐"按钮，在视图中当鼠标指针变成十字形状时单击目标物体，就会弹出对齐对话框，如图2-55所示。

在对话框中，先确定"对齐位置"，再在"当前对象"和"目标对象"选项区中选择对齐方式，然后单击"确定"按钮完成对齐操作。

图 2-55

提示

"对齐位置"选项区中，可勾选"X位置""Y位置"或"Z位置"复选框，用来设定物体与哪条坐标轴对齐。

"当前对象"和"目标对象"选项区中都包括"最小""中心""轴点"和"最大"4个单选按钮。其中，选中"最小"单选按钮，可以使源物体的对齐轴负方向的边框与目标物体的选中部分对齐；选中"中心"单选按钮，可以使源物体与目标物体按几何中心对齐；选中"轴点"单选按钮，可以使源物体与目标物体按轴心对齐；选中"最大"单选按钮，可以使源物体对齐轴正方向的边框与目标物体的选中部分对齐。

"对齐方向"和"匹配比例"选项区中都包括"X轴""Y轴"和"Z轴"3个复选框。其中，"对齐方向"选项区中可设置如何旋转源物体，并按照选定的坐标轴对齐。

（2）"法线对齐"工具的使用

一些形状不规则的物体的对齐适合使用"法线对齐"工具。选中物体后，在主工具栏中选单击"法线对齐"按钮，在视图中当鼠标指针变成箭头形状时单击目标物体，就会弹出"法线对齐"对话框，如图2-56所示。

在"位置偏移"选项区中，可在"X""Y"和"Z"后面的文本框中输入偏移的数值；在"旋转偏移"选项区中，可在"角度"后面的文本框中输入旋转的角度。

5. 捕捉工具

捕捉工具在3ds Max中用于确定物体的位置。在主工具栏中，捕捉工具包括"空间捕捉"按钮、"角度捕捉"按钮、"百分比捕捉"按钮和"微调捕捉"按钮。

图 2-56

右键单击捕捉工具，在弹出的"栅格和捕捉设置"对话框中，可根据自己的需要改变捕捉工具的设置。

1）"捕捉"选项卡中包含12种捕捉模式，可根据实际情况进行选择。其中，"栅格点"是系统默认的捕捉模式。单击"清除全部"按钮，就会取消所有选择，如图2-57所示。

2）"选项"选项卡。在"标记"选项区中，可选择是否显示标记，可改变捕捉标记的大小和颜色。在"通用"选项区中，可设置"捕捉预览半径"和"捕捉半径"，"角度"可以调整角度捕捉时的角度递增量，"百分比"可以调整缩放大小的递增量，如图2-58所示。

图 2-57

图 2-58

提示

"捕捉半径"参数的值越大，鼠标越灵敏，从一个捕捉点到另一个捕捉点的速度也越快；但在物体较密时，"捕捉半径"太大，就有可能捕捉不到。

6. 网格的设置

使用网格与捕捉工具，在3ds Max 2012中，可以准确地创建、移动、旋转和缩放物体。而网格是位置的参考。

（1）设置单位

在3dx Max中，改变单位的设置可以提高制图的准确程度。

在菜单栏中执行"自定义"→"单位设置"命令，在弹出的"单位设置"对话框中可以更改默认的单位设置。单击"系统单位设置"按钮，就会弹出"系统单位设置"对话框，可以更改默认单位与实际单位的比例，如图2-59所示。

图　2-59

（2）设置主网格特性

右键单击捕捉工具，在弹出的"栅格和捕捉设置"对话框中，选择"主栅格"选项卡。其中，"栅格间距"可以调整网格的间距；"每N条栅格线有一条主线"可以调整主网格线间的间距，如图2-60所示。

（3）自动网格

自动网格工具用来建立叠放物体，可在一个物体的面法线上直接创建物体，这样就简化了"先创建，再对齐"的创建步骤。

在"对象类型"卷展栏中勾选"自动栅格"复选框后，只需按住〈Alt〉键的同时创建物体，就可以将自动网格变成默认网格，如图2-61所示。

图　2-60　　　　　　　　　　　图　2-61

任务实施

制作铁艺鞋架的实现步骤如下：

1）在"创建"命令面板中展开"图形"命令面板中的"样条线"卷展栏，单击其中的"线"按钮，创建线，如图2-62所示。

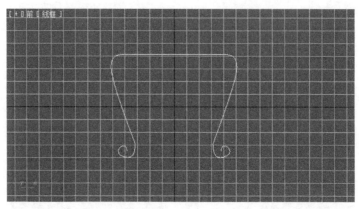

图　2-62

2）在"修改"命令面板中，展开"渲染"卷展栏，选择"在渲染中启用"和"在视口中启用"复选框，将"厚度"参数的值设置为5，如图2-63所示，效果如图2-64所示。

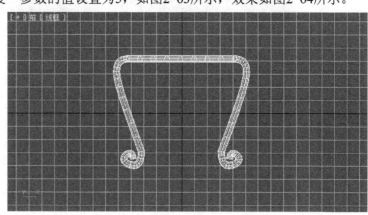

图　2-63   图　2-64

3）在"创建"命令面板中，单击"几何体"按钮，在"对象类型"卷展栏中单击"圆柱体"按钮，然后在前视图中创建一个半径为2、高度为400的圆柱体，使用"选择并移动"工具调整它们的位置和上下关系，如图2-65所示。

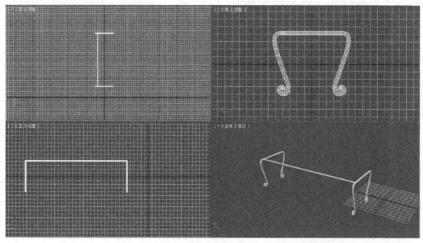

图　2-65

4）将其复制多个，如图2-66所示。

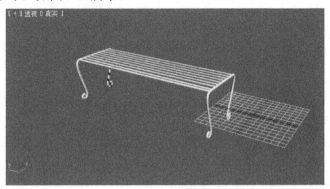

图 2-66

5）在"创建"命令面板中，单击"几何体"按钮，在"对象类型"卷展栏中单击"圆柱体"按钮，然后在左视图中创建一个半径为2、高度为65的圆柱体，使用"选择并移动"工具调整它们的位置和上下关系，如图2-67所示。

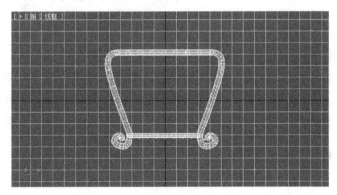

图 2-67

6）将其复制一个并按照步骤3）制作圆柱体，使用"选择并移动"工具调整它们的位置，最终效果如图2-68所示。

图 2-68

项目总结

二维建模是一种经常使用的建模方法，操作简单，建模精确，编辑方法灵活。因此要熟练掌握本项目所学的知识，能够创建各种基本的二维图形，为后续的二维图形配合编辑修改器的使用和从二维到三维的修改打好基础，最终能创建出更精确、复杂的模型。

项目 ③

高级建模实战

项目概述

　　虽然前面学会了基础建模，但其远远不能表现自然界的千姿百态，本项目将通过5个任务的训练，学习高级建模方法。高级建模通过添加一些特殊的修改器或利用运算方式修改模型结构，通过点、线、面的编辑达到满意的造型效果。在任务中将学习使用"挤出修改器"制作花朵吊灯；使用"弯曲与锥化修改器"制作餐厅桌椅；使用"布尔建模"制作洗面台；使用"放样建模"制作窗帘；使用"网格建模"制作组合沙发。

任务1　制作花朵吊灯

 **任务分析**

　　本任务围绕如何制作花朵吊灯模型展开，从认识"编辑修改器"、添加"编辑修改器"、使用"编辑修改器"开始，到学习"挤出"建模法，可以将二维图形生成三维模型，并进行编辑修改，最终完成花朵吊灯模型的制作。

任务目标

　　学习"编辑修改器"和"修改器堆栈"的功能特点与使用方法；掌握"挤出修改器"的使用技术；利用所学技能制作花朵吊灯模型。

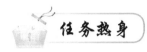

任务热身

1. 编辑修改器简介

打开3ds Max 2012，任意创建一个对象，如圆锥体，单击切换到如图3-1所示的"修改"命令面板，发现"修改"命令面板被分为5个基本区域。

图 3-1

（1）对象名称与颜色编辑区

在"修改"命令面板的顶部，显示了所选物体的名称和颜色，可以随时修改；而"创建"命令面板中的"名称和颜色"卷展栏只能在创建时修改，创建后就不能修改了。

（2）修改器列表

修改器列表在对象名称与颜色编辑区的下方，单击下拉列表框中的下拉按钮，可以找到各种修改器。修改器只有当前对象被选中时才可以使用。

（3）修改器堆栈

修改器堆栈可以记录对二维和三维对象进行的各种编辑修改信息，包括所应用的创建参数和修改命令。在进行操作时，还可以随时返回其中的任一步骤，重新进行参数设置。在修改器堆栈区域下面有一排按钮，这是一些很有用的修改辅助工具，它们对所有的修改器都有效。下面分别对其进行介绍。

1）"锁定堆栈" ：该按钮用于将修改堆栈锁定到当前选定的对象，即使选取场景中的其他对象，修改命令仍然作用于锁定对象。

2）"显示最终结果开/关切换" ：该按钮功能打开时，显示在堆栈中所有修改完毕后出现的选定对象，忽略当前在堆栈中所选择的修改命令。

3）"使唯一" ：该按钮使当前选中的修改命令成为对象唯一的修改命令，并且删除当前修改命令的任何实例复制连接。

4）"从堆栈中移除修改器" ：用于从修改器堆栈中删除被选定的修改命令。

5）"配置修改器集" ：单击该按钮将弹出下拉菜单，在其下拉菜单中可以选择修改器。

提示　单击"配置修改器集"按钮，在其下拉菜单中可以打开"配置修改器集"对话框，在该对话框中可以自定义修改器集。单击"显示"按钮，可以在修改面板中显示当前的修改器集按钮。选择"显示列表中所有集"选项，可将修改器下拉列表中所有的命令分类显示。

（4）"参数"卷展栏

在修改器辅助工具按钮下面是"参数"卷展栏，在此可以对原始物体和各种修改器的参数进行修改。

2．使用修改器堆栈

在3ds Max 2012中，修改器堆栈也具有堆栈的特点，即先进后出。堆栈的结构把每一步的操作保存起来，提供一个操作名称的列表，最先进行的操作被放在堆栈的底部，而最后一步操作被放在堆栈的顶端，下面介绍修改器堆栈的使用。

在图3-2中，修改器堆栈里面仅有所选物体的名字，而没有其他相关的修改器历史操作，这是因为没有对物体应用修改器，下面即对该物体应用修改器。

1）在图3-2的场景中选中创建的圆锥体，打开"修改"命令面板，单击"修改器列表"下拉列表框中的下拉按钮，在弹出的下拉列表框中，任意选择一个修改器，这里选择"噪波"修改器。

2）在"参数"卷展栏的"噪波"选项区中，设置"种子"为15、"比例"为46，在"强度"选项区中设置X为20、Y为30、Z为60。此时视图中的球体变为图3-2所示的形状，并且刚才选择的修改器也显示在修改器堆栈列表中。

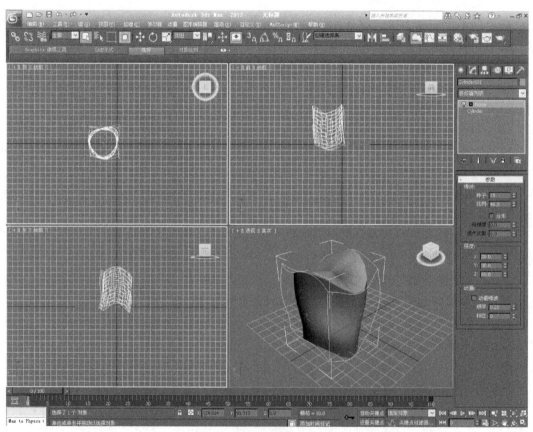

图 3-2

3．开关编辑修改器

在修改器堆栈中，每一个修改器前面均有一个灯泡图标，它的作用是打开或关闭修改器，为了叙述方便，在这里称其为开关按钮，其使用方法如下：

继续使用上面的例子。在图3-2所示的修改器堆栈中，开关按钮为 ⚲ 形状，即表明为开启状态。在修改器堆栈中单击开关按钮，则其变为 ⚲ 形状，即关闭状态，此时视图中圆锥体的效果如图3-3所示。

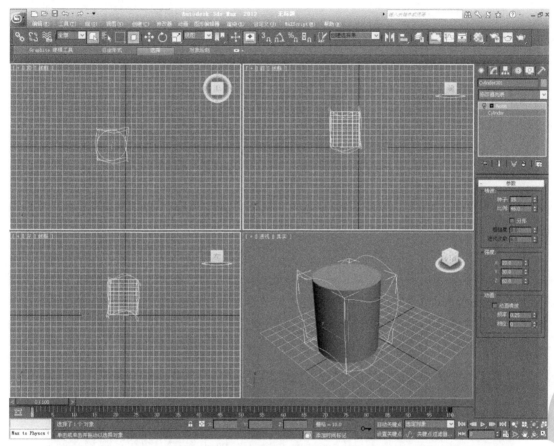

图　3-3

4. 删除修改器

如果一个修改器命令没有达到预期的效果，或把该命令放在了一个错误的位置，这时就可以删除它。删除修改器的方法如下：

继续使用上面的例子。选中圆锥体，打开"修改"命令面板，在修改器堆栈中选中要删除的修改器，这里选择"噪声"修改器。单击修改器堆栈下方的 ⬚ 按钮，即可将选择的修改器删除。删除修改器后，该修改器作用于物体的效果也将随之失效。

5. 塌陷堆栈操作

由于修改器堆栈不仅记录了物体从创建到修改的每一步操作，而且还保留了3ds Max 2012场景文件中的所有编辑操作，因而修改器对内存的消耗非常大。塌陷堆栈是减少物体耗费内存的好办法。塌陷堆栈操作保留每个编辑修改器对物体作用的效果，将对象缩减成高级的几何体。但塌陷后修改器的作用效果被冻结为只显示，不能再进行编辑，下面介绍其使用方法。

继续使用上面的例子，选中圆锥体，打开"修改"命令面板，在修改器堆栈中找到要塌陷的修改器，这里选择"噪声"修改器。在"噪声"修改器上单击鼠标右键，在弹出的快捷菜单中选择"塌陷全部"选项，将弹出警告对话框，如图3-4所示。

图 3-4

单击"是"按钮，完成塌陷操作。观察修改器堆栈和透视视图中物体的变化，发现修改器堆栈中的修改器名称变成了"可编辑网格"。

6. 挤出修改器

"挤出"是一种很重要的建模方法，通过这种方法可以给各种二维图形增加厚度，从而得到对应的三维模型。拉伸操作可以通过"修改"命令面板中的"挤出"修改器来实现，具体操作时，首先在视图中绘制代表造型截面的二维样条线，如图3-5所示，然后在"修改"命令面板中为其添加"挤出"修改器，如图3-6所示，使之具备厚度。

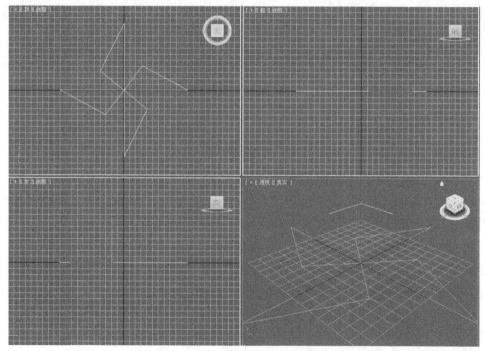

图 3-5

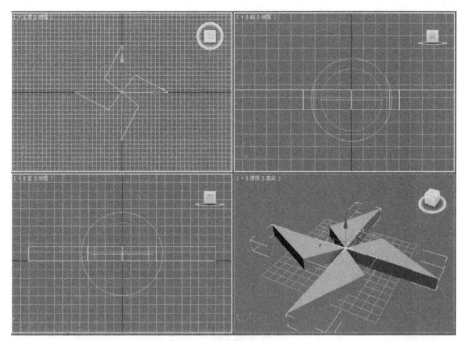

图　3-6

"参数"卷展栏如图3-7所示，可以对拉伸后的模型进行参数设置，如模型的厚度、段数、是否加顶盖、输入类型等。

1）数量：设置挤出的数量，也就是所拉伸模型的厚度。

2）分段：设置挤出厚度上的段数，数值越大模型的段数越多。

3）封口始端：为拉伸后的模型顶部加盖。

4）封口末端：为拉伸后的模型底部加盖。

5）变形：可以预测、可重复的方式排列封口面，这是创建变形目标所必需的操作。

6）栅格：在图形边界的方形上修剪栅格中安排的封口面。

图　3-7

7）输出：对边界进行重新排列处理，有"面片"对象、"网格"对象和"NURBS"对象3种类型可以选择。

8）生成贴图坐标：自动为拉伸后的模型添加贴图坐标。

9）真实世界贴图大小：控制应用于对象的纹理贴图材质所使用的缩放方法。

10）生成材质ID号：自动指定材质的ID号，顶盖的ID号为1，底部的ID号为2，侧面的ID号为3。

11）使用图形ID：将材质ID指定给挤出对象的侧面与封口。

12）平滑：对挤出后的模型进行光滑处理。

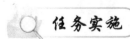 任务实施

制作花朵吊灯的实现步骤如下：

1）打开"创建"命令面板，在二维图形面板中找到"星形"工具，利用"星形"工具在顶视图中绘制一个星形。然后在其"参数"卷展栏下设置"半径1"为70、"半径2"为60、"圆角半径2"为6，具体参数设置及星形效果如图3-8所示。

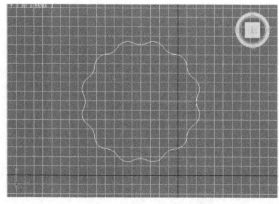

图 3-8

2）选择星形，然后在"渲染"卷展栏下勾选"在渲染中启用"和"在视口中启用"两个复选框，接着在"径向"中设置"厚度"为2.5，具体参数设置如图3-9所示。

3）切换到前视图，然后按住〈Shift〉键并使用"选择并移动"工具向下移动，复制一个星形，如图3-10所示。

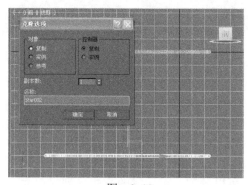

图 3-9   图 3-10

提示

对顶点进行圆角处理时也可以直接单击"圆角"按钮，在视图中通过拖动鼠标来控制圆角的大小。使用直接拖动的方法比较直观，但是得到的圆角大小不够精确。

4）继续复制一个星形到两个星形中间，然后在"渲染"卷展栏下选中"矩形"单选按钮，接着设置"长度"为60、"宽度"为0.5，参数设置如图3-11所示，模型效果如图3-12所示。

图 3-11   图 3-12

5）使用"线"工具在前视图中绘制一条如图3-13所示的样条线，然后在"渲染"卷展栏下选择"在渲染中启用"和"在视口中启用"两个复选框，接着在"径向"中设置"厚度"为1.2，如图3-14所示。

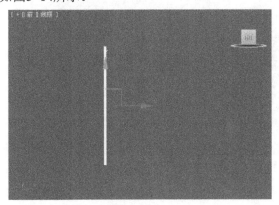

图　3-13　　　　　　　　　　　　图　3-14

6）使用"仅影响轴"技术和"选择并旋转"工具围绕星形复制一圈样条线，完成后效果如图3-15所示。

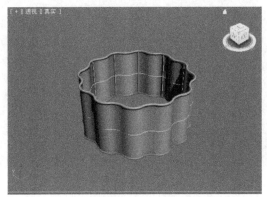

图　3-15

7）将前面创建的星形复制一个到模型顶端，并取消勾选"在渲染中启用"和"在视口中启用"两个复选框。

8）为星形添加一个"挤出"修改器，然后在"参数"卷展栏下设置"数量"为1，具体参数设置如图3-16所示，模型效果如图3-17所示。

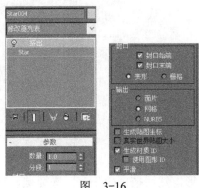

图　3-16

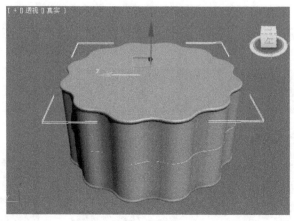

图 3-17

9）使用"圆"工具在顶视图中绘制一个圆形，然后在"参数"卷展栏下设置"半径"为50，如图3-18所示。

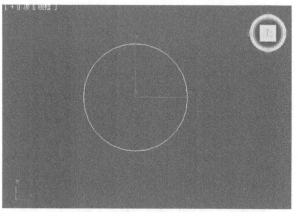

图 3-18

10）在"渲染"卷展栏下选择"在渲染中启用"和"在视口中启用"两个复选框，最后设置在"径向"中设置"厚度"为1.8，如图3-19所示，模型效果如图3-20所示。

图 3-19

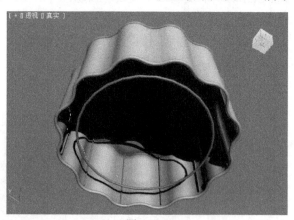

图 3-20

11）选择上一步绘制的圆形，然后按〈Ctrl+V〉快捷键，在原始位置复制一个圆形（需要取消勾选"在渲染中启用"和"在视口中启用"两个复选框）。接着为其添加一个"挤出"修改器，然后在"参数"卷展栏下设置"数量"为1，具体参数设置如图3-21所示，模型效果如图3-22所示。

 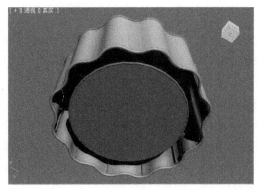

图　3-21　　　　　　　　　　　　图　3-22

12）选择没有进行挤出的圆形，然后按〈Ctrl+V〉快捷键在原始位置复制一个圆形，接着在"渲染"卷展栏下选中"矩形"单选按钮，如图3-23所示。设置"长度"为56、"宽度"为0.5，最终效果如图3-24所示。

 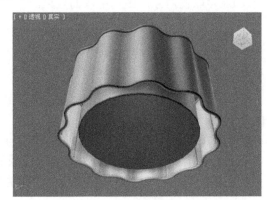

图　3-23　　　　　　　　　　　　图　3-24

任务2　制作餐厅桌椅

 任务分析

本任务学习如何使用"弯曲"与"锥化"修改器。"弯曲"修改器可以将当前选定对象围绕指定的轴向产生弯曲变形的效果。"锥化"修改器通过缩放对象的两端产生锥化效果。训练中综合利用"弯曲"与"锥化"修改器来制作餐厅桌椅模型。

 任务目标

学习使用"弯曲"修改器和"锥化"修改器；能利用所学技能制作餐厅桌椅模型。

任务热身

1. 弯曲修改器

"弯曲"修改器是将对象指定的轴向上进行弯曲的操作，可以对整个对象施加弯曲修改，也可以通过设定弯曲的角度和弯曲范围，对对象的某一个部分进行弯曲修改。当学生添加了"弯曲"修改器后，"修改"命令面板中将会出现相应的参数，如图3-25所示。

1）弯曲：该选项组用来控制弯曲的角度和方向。"角度"参数用于控制弯曲角度；"方向"参数用于设置弯曲相对于水平面的方向。

2）弯曲轴：弯曲轴中的"X""Y""Z"单选按钮用于指定弯曲的轴向，默认设置为Z轴。

图 3-25

3）限制：该选项组中的"限制效果"复选框将限制弯曲的影响范围。"上限"参数用于设置从弯曲中心到物体上部弯曲约束边界的距离值，超出此边界弯曲不再影响几何体。"下限"参数用于设置从弯曲中心到物体底部弯曲约束边界的距离值，超出此边界弯曲不再影响几何体。该功能可以使对象产生局部弯曲效果。

提示

在堆栈栏中单击"弯曲"选项左侧的展开符号，在展开的层级选项中将会出现"Gizmo"和"中心"选项。其中，"Gizmo"是对象添加修改器后周围出现的黄色线框，当对象进行变形操作时，Gizmo线框也会随之产生变形；"中心"是修改器进行修改变形时参照的坐标系统，当移动"中心"时，对象的弯曲效果也随之产生变化。

2. 锥化修改器

"锥化"修改器通过缩放物体的两端产生锥形轮廓，与弯曲修改一样，在锥化修改中同样可以限制物体局部锥化效果。当为对象添加了"锥化"修改器后，"修改"命令面板中将会出现该项修改器的编辑参数，如图3-26所示。

1）锥化：该选项组中的"数量"参数用于设置产生锥化的程度，"曲线"参数用于控制Gizmo的侧面应用的曲率。

2）锥化轴：该选项组中的"主轴"选项右侧的"X""Y""Z"单选按钮，用于指定进行锥化操作的轴向。"效果"选项用于表示主轴上锥化方向的轴或轴对称，影响轴可以是剩下两个轴中的任意一个，或是它们的合集。当勾选"对称"复选框后，将围绕主轴产生对称锥化效果。

图 3-26

任务实施

1. 制作餐椅的实现步骤

1）激活前视图，创建一个半径为5、高度为450、高度的片断数为200的圆柱体，其参数设置及效果如图3-27所示。

2）切换到"修改"命令面板，在"修改器列表"下拉列表框中选择"弯曲"选项，在修改器堆栈中展开"弯曲"选项，进入"中心"子物体层级，单击"移动"工具按钮，在顶视图中拖曳黄色的十字标识，退出"中心"子物体层级。

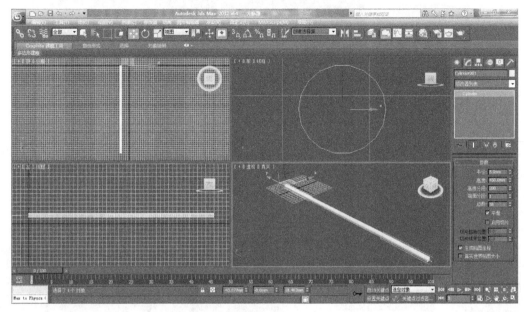

图 3-27

3）在"参数"卷展栏中设置弯曲角度为90°，弯曲轴向为Z轴，限制范围"上限"与"下限"分别为20和0。此时圆柱体已经被弯曲，效果如图3-28所示。

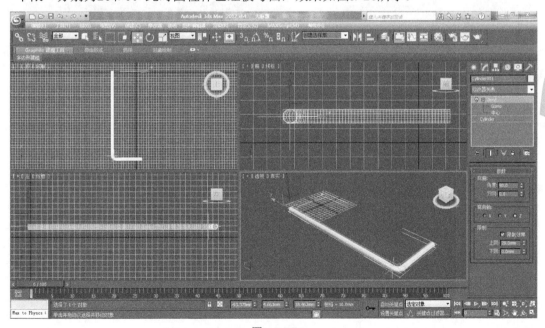

图 3-28

4）激活顶视图，在"修改器列表"下拉列表框中再次选择"弯曲"选项，展开堆栈栏后，进入Gizmo子物体层级。利用主工具栏中的"选择并移动"工具拖动黄色的十字标识至图3-29所示的位置。

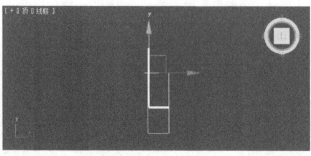

图 3-29

5）退出Gizmo子物体层级，在"参数"卷展栏中按照图3-30所示进行设置，效果如图3-31所示。

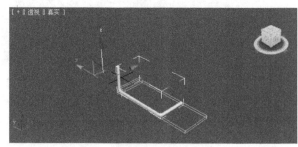

图 3-30　　　　　　　　　　　　　　　　　图 3-31

6）选择被弯曲的圆管，在主工具栏中单击"镜像"按钮，在弹出的对话框中设置Z轴镜像复制物体。在主工具栏中选择"选择并移动"工具，调整弯管的位置，如图3-32所示。

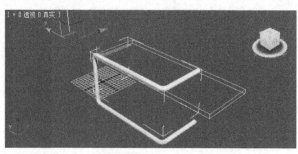

图 3-32

7）选中被镜像复制的弯管，在"修改"命令面板中修改物体的弯曲参数，将第1次"弯曲"操作的方向设置为90°，如图3-33所示。

8）选中所有的弯管，在主工具栏中单击"镜像"按钮，在弹出的对话框中设置沿X轴镜像复制物体。在主工具栏中利用"移动并选择"工具，将镜像的物体移动至图3-34所示的位置。

9）在"几何体"创建面板的下拉列表框中选择"扩展基本体"选项，在"对象类型"卷展栏中单击"切角长方体"按钮，在顶视图中创建一个切角长方体，参数设置如图3-35所示，效果如图3-36所示。

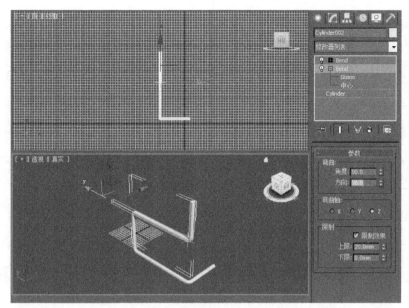

图　3-33

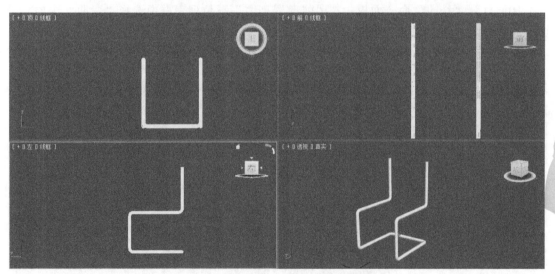

图　3-34

图　3-35

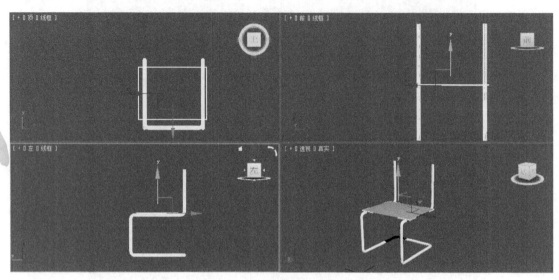

图 3-36

10）打开"修改"命令面板，在"修改器列表"下拉列表框中选择"弯曲"选项，设置弯曲角度为-20°，弯曲轴为X轴，如图3-37所示。

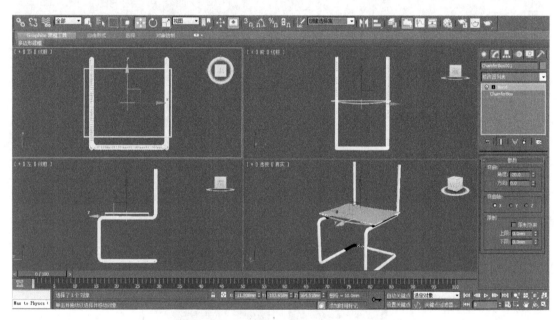

图 3-37

11）按住〈Shift〉键并拖曳鼠标，旋转复制出另一个切角长方体，释放鼠标后弹出"克隆选项"对话框，如图3-38所示。移动调整复制得到的切角长方体的位置，最终结果如图3-39所示。

图　3-38

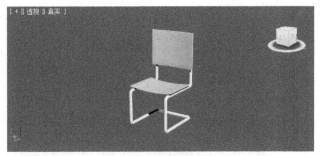

图　3-39

2. 制作餐桌的实现步骤

1）在"几何体"创建面板的下拉列表框中选择"扩展基本体"选项，在"对象类型"卷展栏中单击"切角长方体"按钮，在顶视图中创建一个长度为850、宽度为850、高度为35、圆角为6的倒角长方体，并将物体名称修改为"台面"，如图3-40所示。

图　3-40

2）用相同的方法在顶视图中创建一个半径为35，高度为720的圆柱体，将该物体命名为"支架"，并在视图中调整其位置，效果如图3-41所示。

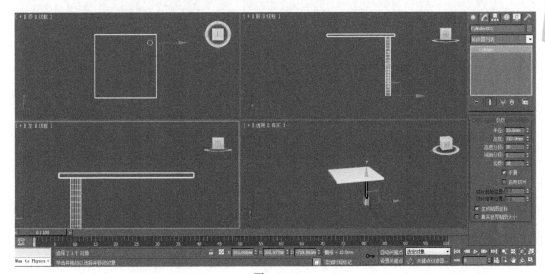

图　3-41

3）选中支架，在"修改"命令面板的"修改器列表"下拉列表框中选择"锥化"选项，在"参数"卷展栏中设置"数量"为0.6，如图3-42所示。

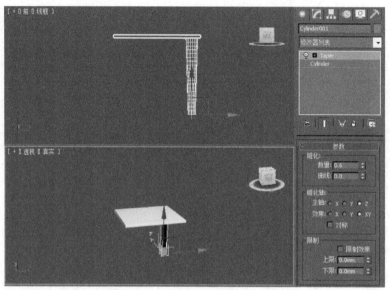

图 3-42

4）在工具栏中单击"选择并移动"工具，在顶视图中按住〈Shift〉键的同时拖曳"支架"，复制出"支架1"，用同样的方法再复制另外两条支架，并调整4个支架的位置，效果如图3-43所示。

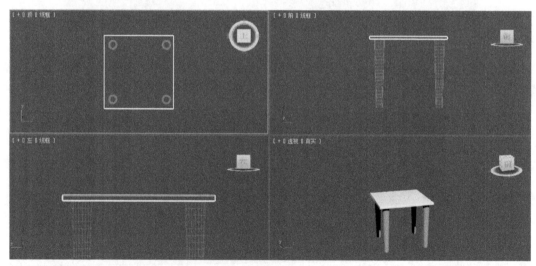

图 3-43

5）选择所有对象将其群组，命名为"餐桌"。在"文件"菜单中单击"合并"命令，将"餐椅"合并到本场景中，使用主工具栏中的"选择并缩放"工具，将其缩放到合适大小后移动到餐桌的旁边位置，如图3-44所示。

6）选择"餐椅"，在主工具栏中单击"镜像"按钮，在弹出的对话框中设置沿Y轴镜像复制物体，如图3-45所示。

7）在主工具栏中利用"选择并移动"工具，将镜像的物体调整到"餐桌"的另一侧，最终效果如图3-46所示。

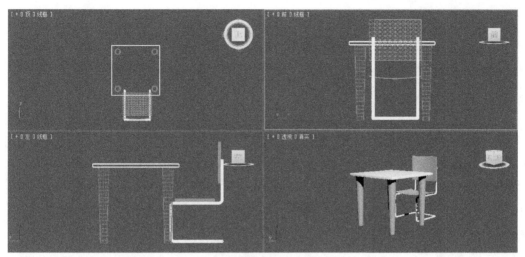

图 3-44

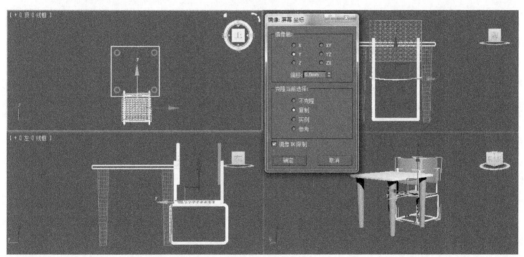

图 3-45

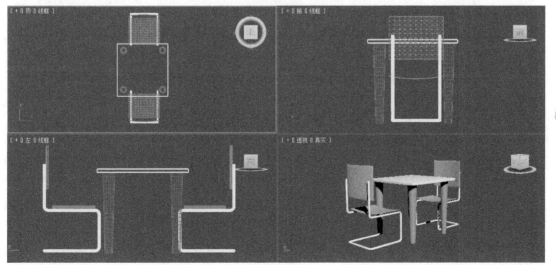

图 3-46

任务3　制作洗面台

任务分析

　　布尔运算属于3ds Max 2012中的高级建模操作，它可以在两个或两个以上的物体之间进行交集、差集等运算，使之合并为一个物体，组合成一个新的对象。本任务围绕制作洗面台模型展开，学习如何对三维对象进行布尔运算，从了解布尔运算的类型并熟悉其运算方式开始，到能够使用布尔运算创建高级模型。

任务目标

　　认识了解3ds Max高级建模；学习4种布尔运算方式；掌握布尔运算建模方法；使用布尔运算制作洗面台模型。

任务热身

1. 布尔运算

　　布尔运算是计算机图形中体现物体结构的一个重要方法，是一种逻辑数学运算方式，用于处理两个物体相结合后产生的所有结果。

　　布尔运算的类型有以下几种。

　　1）并集：可以使两个物体合并为一个物体，将两个物体相交的部分删除。

　　2）交集：只保留两个物体相交的部分，其余部分删除。

　　3）差集：运算结果是一个对象减去另一个对象后剩下的部分，A−B和B−A的结果是不相同的。

　　4）切割：使用B物体切割操作A物体，但不在A物体上添加B物体的任何部分。切割又分为以下4种方式。

　　① 优化：在截面处A物体上添加新的顶点和边，新增的顶点和边组成新的面，将A物体表面进一步细化。

　　② 分割：同优化类似，可以根据其他物体的外形将一个物体分成2个部分。

　　③ 移除内部：在A物体上将所有与B物体相交的面删除。

　　④ 移除外部：在A物体上将与B物体相交以外的面删除，但经过计算后只能得到一个相交的表面。

　　在场景中创建一个球体和一个长方体，位置如图3-47所示。下面对这两个物体进行布尔运算。

　　选择长方体，可以看到"复合对象"面板下的"布尔"按钮已经变为可用状态，单击"布尔"按钮，布尔卷展栏被打开。"参数"卷展栏中的"操作"选项区中列出的就是布尔运算的各种运算方法，当前选中的是"差集（A–B）"单选按钮，如图3-48所示。在"拾取布尔"卷展栏中，"拾取运算B物体"按钮用来选取B物体，单击该按钮，选中场景中的球体，布尔运算立即进行，如图3-49所示。

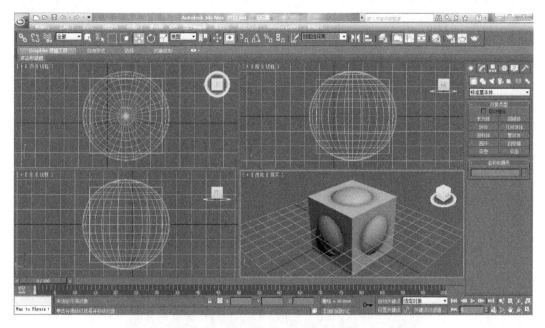

图　3-47

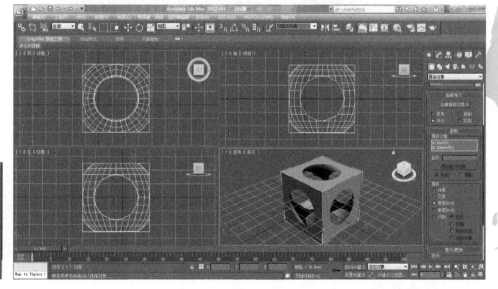

图　3-48　　　　　　　　　　　　　　　　图　3-49

提示

　　"拾取运算B物体"按钮下方有4个单选按钮，分别是"参考""移动""复制"和"实例"，默认选中"移动"单选按钮。

● 显示/更新：卷展栏显示的是显示和更新选项，如图3-50所示。

● 结果：显示布尔运算的结果，是默认选项。

● 操作对象：只显示参与运算的对象，不显示结果。

● 结果+隐藏的操作对象：将隐藏的对象显示为线框方式。

● 更新：包括"始终"（默认选项）、"渲染时"和"手动"3个
单选按钮。

图 3-50

在"参数"卷展栏的"操作"选项区中，分别更改运算方法为并集、交集、差集，结果如图3-51～图3-53所示。可以继续尝试分别选择切割的4种运算方式，看一看运算结果如何。

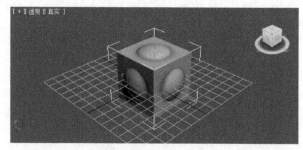

图 3-51

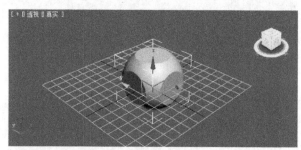

图 3-52

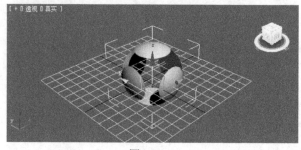

图 3-53

任务实施

制作洗面台的实现步骤如下：

1）单击"几何体"按钮□进入创建面板，在下拉列表框中选择"扩展基本体"选项，单击"切角长方体"按钮，在顶视图中创建一个长度为350、宽度为350、高度为15、圆角

为8的倒角长方体，并命名为"台面"。

2）单击"几何体"按钮进入创建面板，在其下拉列表框中选择"标准基本体"选项，单击"球体"按钮，创建一个半径为105的球体。右键单击工具栏中的"选择并均匀缩放"按钮，在弹出的对话框的Y文本框中输入70，对球体进行缩放。按住〈Shift〉的同时单击球体，对球体进行原地复制。然后右键单击该球体，在弹出的快捷菜单中选择"隐藏当前选择"命令，将其隐藏。选择球体，将其移动到图3-54所示的位置。

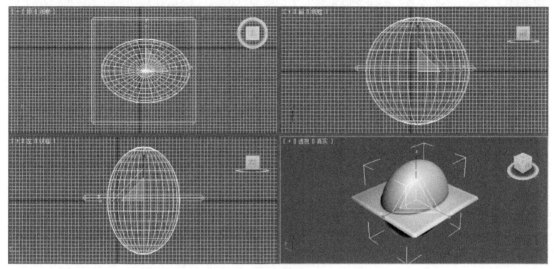

图　3-54

3）选择台面，单击"几何体"按钮进入创建面板，在其下拉列表框中选择"复合对象"选项，单击"布尔"按钮，在"参数"卷展栏的"操作"选项区中选中"差集（A-B）"单选按钮，在"拾取布尔"卷展栏中单击"拾取操作对象B"按钮，在任意视图中选择球体完成布尔运算操作，效果如图3-55所示。

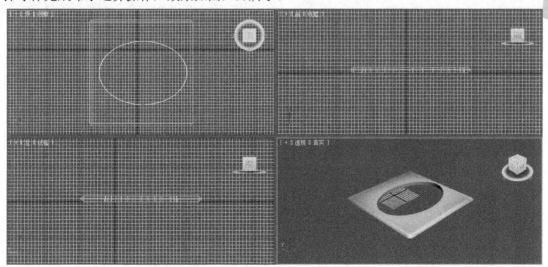

图　3-55

4）在前视图中取消全部隐藏，显示所有物体。选中球体，单击"修改"按钮▣，打开命令面板，在"参数"卷展栏中将"半球"参数设置为0.5，利用主工具栏中的移动工具将其调整至图3-56所示的位置。

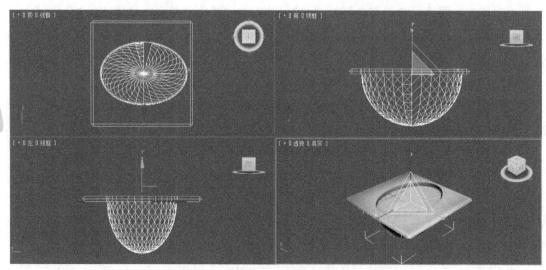

图　3-56

5）将半球向上复制一份，选中复制出来的半球，右键单击工具栏中的"选择并均匀缩放"按钮，在弹出的"缩放变换输入"窗口中设置X、Y、Z文本框中的数值，分别输入98、68、98，并将其移动到图3-57所示的位置。

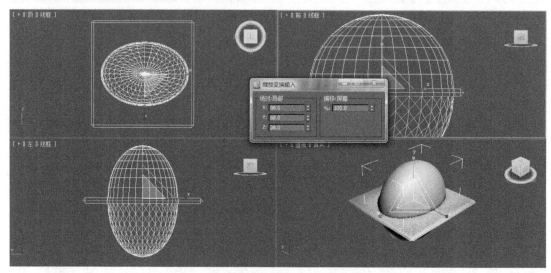

图　3-57

6）使用同步骤3）的方法，对较大的球体与较小的球体进行布尔运算。运算完成后，右键单击主工具栏中的"选择并均匀缩放"按钮，在弹出的窗口中，在Z文本框中输入70，效果如图3-58所示，将其命名为"水池"。

7）选中台面，再次在复合对象创建面板中单击"布尔"按钮。在"参数"卷展栏的"操作"选项区中选中"并集"单选按钮，再在"拾取布尔"卷展栏中单击"拾取操作对象"按钮，在视图中选择水池，完成"并集"布尔运算操作，效果如图3-59所示。

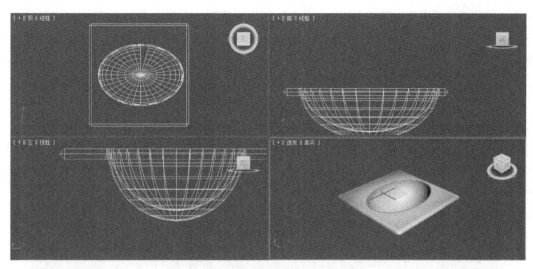

图 3-58

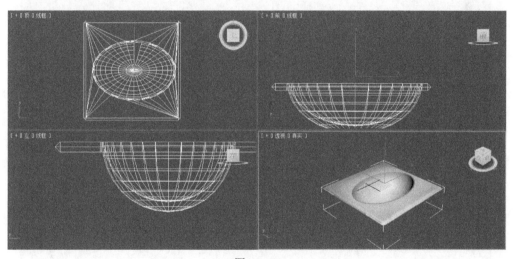

图 3-59

8）在"几何体"创建面板的下拉列表框中选择"扩展基本体"选项，单击"切角圆柱体"按钮，在顶视图中创建一个半径为35、高度为220、圆角为2的倒角圆柱体，将其命名为"下水"，并移动到图3-60所示的位置。再在顶视图中创建一个长度为100、宽度为280、高度为10、圆角为4的切角长方体，将其命名为"池上板"，并移动到图3-61所示的位置。

9）再次单击"切角圆柱体"按钮，创建一个半径为12、高度为10、圆角为2、边数为8的切角圆柱体，将其复制两个。在顶视图中选择其中一个，打开"修改"命名面板，在"参数"卷展栏中输入半径值为6，调整3个切角圆柱体的位置，如图3-62所示。将其成组，并命名为"旋转阀"。

10）使用如上方法，在顶视图中创建一个半径为7、高度为70、圆角为0.5、高度分段为10的切角圆柱体。切换到"修改"命名面板，使用"锥化"修改编辑器对切角圆柱体进行修改，展开其锥化"参数"卷展栏，在"锥化"选项区的"数"文本框中输入-0.3。继续在

"修改器列表"下拉列表框中选择"弯曲"选项，在其"参数"卷展栏的"角度"数值框中输入90，使用移动工具调整其位置。使用移动和缩放工具进行适当的调整后，最终效果如图3-63所示。

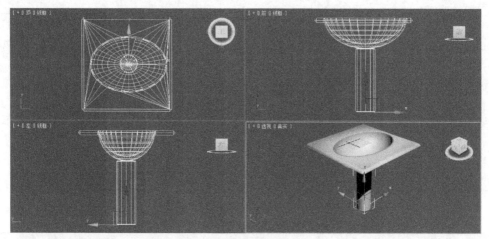

图　3-60

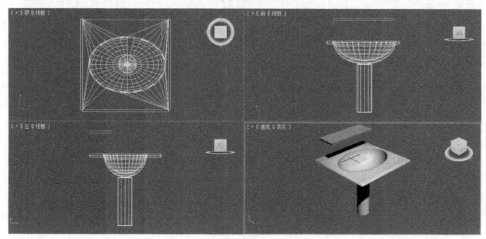

图　3-61

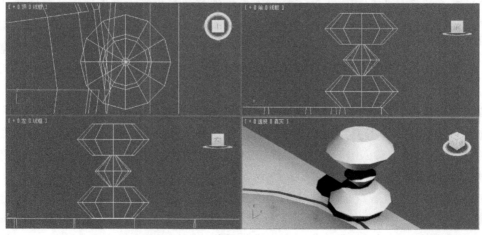

图　3-62

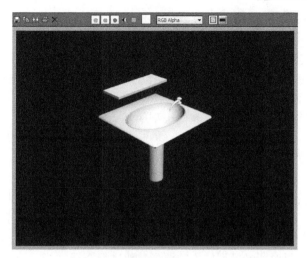

图 3-63

任务4 制作窗帘

 任 务 分 析

"放样"建模是3ds Max中一种强大的高级建模方法,在"放样"建模中可以对放样对象进行变形编辑,从而创造出不同形式的造型。本任务围绕制作窗帘模型展开,详细地学习什么是"放样",如何构建"放样",并通过任务训练掌握"放样"高级建模方法。

 任 务 目 标

学习构建"放样"造型;学习调整"变形修改器"的方法;掌握"放样"建模技术;利用所学技能制作窗帘模型。

 任 务 热 身

在3ds Max 2012中,一个放样造型物体至少由两个平面造型组成,其中一个造型用作路径,主要用于定义物体的高度,路径本身可以是开放的线段,也可以是封闭的图形;另一个造型则用作截面,可以在路径上放置多个不同形态的截面。下面着重讲述放样建模的方法和一些重要参数,以及放样变形的主要工具。

1. 放样构建

(1)基本理论

"放样"是一种非常具有代表性的3D建模技术,所谓放样就是指将一个二维图形对象作为截面,沿某个路径进行运动,运动轨迹形成的三维对象叫作放样物体,整个操作过程叫作放样。同一路径上可在不同的位置插入不同的截面,因此可以利用放样来实现很多复杂模型的创建。在放样造型中常涉及如下几个概念。

1)型:型是样条曲线的集,定义型物体。作为路径的曲线为路径型,只能包含一个样条曲线；作为截面的曲线为截面型，可以包含任何数目的样条曲线，只是路径上所有截面型包含的样条曲线数目应该相等。在放样物体中，型变成子物体。

2）路径：描述定义放样中心点的型。

3）变形曲线：在路径上放置型来定义放样的基本形式，通过变形曲线可以调整型的比例、角度、大小，从而修改放样物体。

4）控制点：变形曲线上的结点，类似于型的结点。

5）第一个结点：所有型都有其第一个结点。在多截面放样中只有匹配路径上每个截面型的第一个结点，才能创建出没有产生扭曲的物体。

（2）创建方式

在"几何体"按钮■的下拉列表框中，选择"复合对象"选项，在打开的复合对象创建面板中单击"放样"按钮，即可打开放样设置的参数卷展栏，如图3-64所示。放样法建模的参数很多，大部分参数在无特殊要求时使用默认设置即可，下面只对影响模型结构的部分参数进行介绍。

"创建方法"卷展栏中有两个按钮，即"获取路径"按钮与"获取图形"按钮，单击不同的按钮可以使用不同的方式放样。

1）获取路径：在视图中选中截面图形后单击该按钮，再在视图中选择路径样条线。

图 3-64

2）获取图形：在视图中选择路径线条后单击该按钮，再在视图中选择作为截面的图形。

3）移动：单击"获取图形"按钮，后将截面图形移动到路径样条线的位置，从而产生放样模型。如果单击"获取路径"按钮，会将路径样条线移动到截面图形的位置。

4）复制：复制一个新的路径样条线或截面图形，原始图形的位置保持不变。

5）实例：复制一个新的路径样条线或截面图形。当原始的样条线和截面图形发生变化时，放样模型也会随之改变。

2. 变形修改器

（1）变形修改器简介

完成放样操作后，还可以对放样后的模型进行变形修改，从而得到更加复杂的模型。选中放样造型物体，切换到"修改"命令面板，在其中的"变形"卷展栏中提供了5种变形方式，包括"缩放""扭曲""倾斜""倒角""拟合"5种变形控制按钮，如图3-65所示。其中各按钮的功能如下。

1）缩放：该功能可以在放样路径上的不同位置，对截面图形的X轴和Y轴进行大小缩放，得到截面尺寸变化的效果，以获得特殊变形的效果。

图 3-65

2）扭曲：该功能可对截面图形的X轴和Y轴进行旋转，以获得截面扭曲的效果。

3）倾斜：该功能主要可以在路径样条线的不同位置，对截面图形的Z轴进行旋转变形。

4）倒角：该功能与缩放变形类似，但是在缩放截面图形的同时还会进行倒角处理。

5）拟合：该功能可以在视图中拾取3个轴向上的路径样条线，可以根据样条形状决定放样物体的外观。

（2）变形修改器功能

单击5个按钮中的任意一个，都会打开一个变形窗口。在变形窗口中，可以使用编辑曲线的方法来控制变形，可得到不同的变形效果，这种编辑方式非常直观，可以很方便地进行调整，除了拟合变形比较特殊外，其余4个窗口的参数和操作方法基本相同。下面通过

"缩放变形"窗口来介绍这种编辑窗口的基本使用方法。

单击"缩放"按钮，弹出如图3-66所示的"缩放变形"窗口。

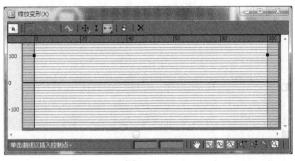

图 3-66

（3）窗口中的工具与按钮

1）变形曲线表：位于窗口的中部，是调节的主要工作区。变形曲线表中包含横向和纵向两个标尺，横向标尺代表放样物体的长度方向，标尺大小范围为0～100，代表了放样物体从起始端到终端的长度，如同用百分比表示了放样物体的路径位置；纵向标尺表示变形量的大小，通过窗口的滑块可以观察更大的曲线表区域。

2）变形曲线：是红色的线条，反映物体在不同位置的变形量，通过编辑控制点改变曲线形状，从而得到不同的变形效果。

提示　　　默认情况下，变形曲线处于100%的位置。当值大于100%时获得放大效果，值在0～100%之间时，获得缩小的效果。如果值小于0，将会镜像缩放。

窗口中各图标按钮的作用介绍如下。

● 均衡 🔒：将X轴和Y轴锁定，一同进行编辑。

● 显示X轴 ▮：单独显示X轴的控制线，单独进行编辑。

● 显示Y轴 ▮：单独显示X轴或Y轴的控制线进行编辑。

● 显示X，Y ▮：同时显示X轴和Y轴的控制线。

● 切换变形曲线 ⤵：将X轴和Y轴的控制线进行交换。

● 移动控制点 ✛：可以在X轴和Y轴方向上任意移动控制点，还包括两个下拉按钮：水平移动控制点和垂直移动控制点。"水平移动控制点"按钮可以改变变形位置，但并不改变变形量大小；"垂直移动控制点"按钮可以改变变形量大小，但不改变变形位置。

● 缩放控制点 Ⅰ：可以改变变形量而不改变变形位置，和垂直移动控制点的功能类似。

● 插入角点 ✳：可以在变形曲线上的任意位置加入一个角点类型的控制点，单击该按钮，在弹出的下拉菜单中还包含"插入Bezier控制点"按钮。

● 插入Bezier点 ⤳：可在变形曲线上的任意位置加入一个Bezier类型的控制点。

提示　　　角点和Bezier类型控制点的区别在于，Bezier类型的控制点有控制手柄，而"角点"类型的控制点没有控制手柄，可以在任意控制点上单击鼠标右键，在弹出的快捷菜单中指定控制点的类型，包括"角点""Bezier-平滑""Bezier-角点"3种，它们的使用方法一试便知。

● 删除控制点 🗑：将视图区中选中的控制点删除。

● 重置曲线×：将控制线恢复为原始状态。

> 编辑工具栏中有大量编辑曲线的工具，熟练掌握这些编辑工具，才能调整出理想的变形形状。对任意一种变形工具，并不是所有的编辑按钮都能使用。

● 平移🖐️：移动视图区。

● 最大化显示🖼️：使曲线在水平方向全部显示。

● 垂直方向最大化显示🖼️：沿垂直方向最大化显示控制线。

● 水平方向最大化显示🖼️：沿水平方向最大化显示控制线。

● 水平缩放⬌：沿水平缩放视图区。

● 垂直缩放⬍：沿垂直缩放视图区。

● 缩放🔍：缩放整个视图区。

● 缩放区域🔍：缩放选择范围内的视图区。

（4）变形修改器的应用

下面以缩放变形为例，介绍放样变形操作，具体操作步骤如下：

1）激活顶视图，单击"创建"命令面板，在"图形"创建面板中单击"圆环"命令，绘制一个圆环作为放样截面。切换到前视图，再利用创建"线"命令，绘制一条直线作为放样路径。

2）在视图中选中直线，在"创建"命令面板的"几何体"创建面板的下拉列表框中选择"复合对象"选项，单击"放样"按钮。在"创建方法"卷展栏中单击"获取图形"按钮，再回到视图中单击圆环，得到一个圆管模型，如图3-67所示。

图　3-67

3）选中放样物体后，切换到"修改"命令面板，展开"变形修改器"卷展栏，选择"缩放"变形方式。在弹出的"缩放变形"窗口中，利用编辑工具将红色变形曲线调整成图3-68所示的形状，得到的酒杯造型如图3-69所示。

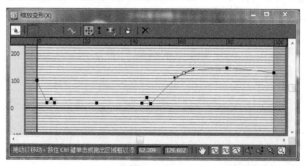

图　3-68

图　3-69

任务实施

制作窗帘的实现步骤如下：

1）在"图形"命令面板中单击"线"按钮，按住〈Shift〉键的同时在顶视图中绘制一条直线，如图3-70所示。

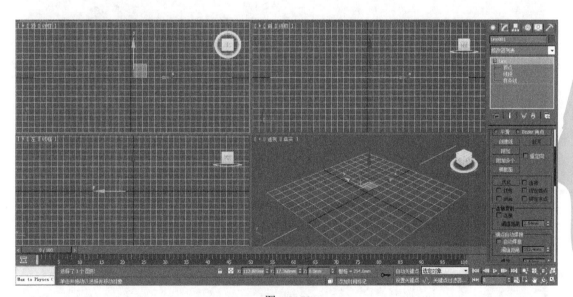

图　3-70

2）切换到"修改"命令面板，在堆栈中进入Line层级。选择"顶点"子层级，在其"几何体"参数区域中单击"优化"按钮，使用优化命令为直线增加结点，效果如图3-71所示。

3）退出"顶点"子层级，使用主工具栏中的"选择"工具，选择所有点后单击鼠标右键，在弹出的快捷菜单中选择"Bezier"选项，如图3-72所示。

4）把所有点转换为Bezier角点后，使用"移动并选择"工具调整结点，直至把直线变为波浪线，形状如图3-73所示。

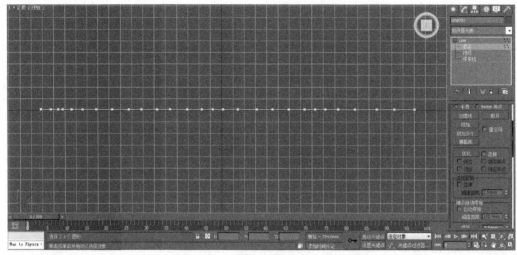

图 3-71

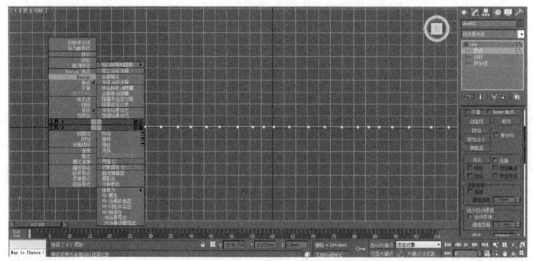

图 3-72

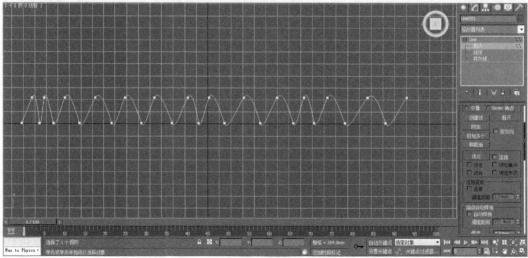

图 3-73

5）在"修改"命令面板的堆栈中进入Line层级，选择"样条线"子层级。在"几何体"参数卷展栏中单击"轮廓"按钮，勾画曲线为双线轮廓，成为封闭图形，效果如图3-74所示。

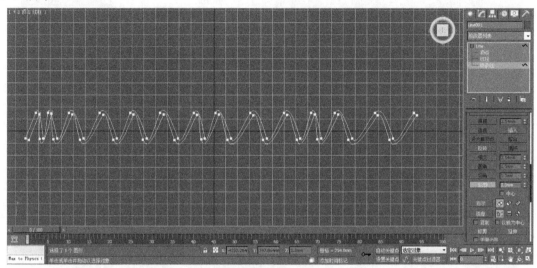

图 3-74

6）在前视图中画一条直线作为放样路径，如图3-75所示。

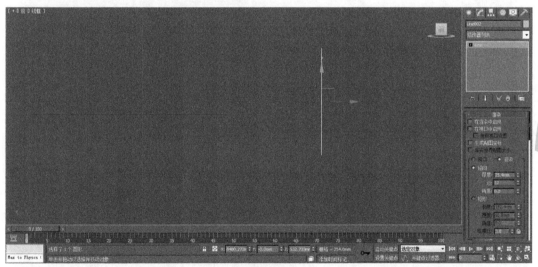

图 3-75

7）选中绘制好的直线路径，在"几何体"面板中选择"复合对象"创建方式，单击命令面板中的"放样"按钮，在"创建方法"卷展栏中单击"获取图形"按钮，然后回到视图中选择波浪形截面，完成放样操作，效果如图3-76所示。

8）切换到"修改"命令面板，在"变形"卷展栏中单击"缩放"变形修改器，弹出如图3-77所示的"缩放变形"窗口。

9）在"缩放变形"窗口中单击 按钮插入2个控制点。结合 按钮调整控制点的位置，放样物体发生变化，如图3-78所示。

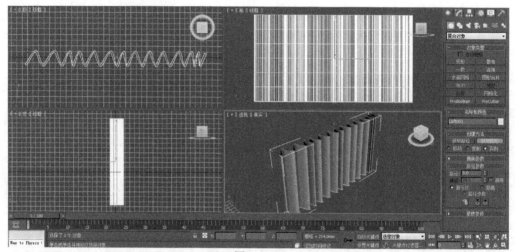

图 3-76

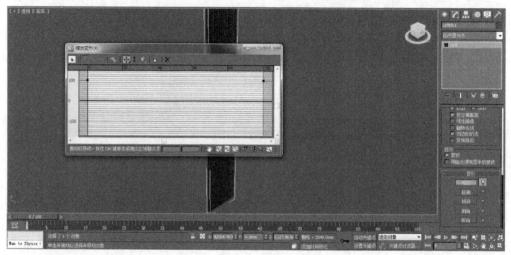

图 3-77

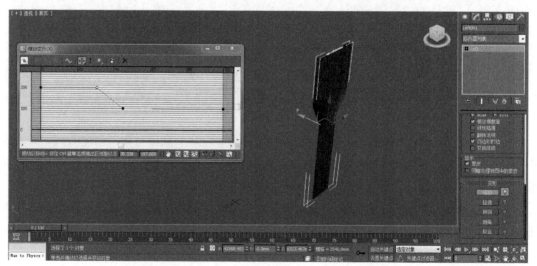

图 3-78

10）在控制点上单击鼠标右键，在弹出的快捷菜单中选择"Bezier-平滑"命令，调整为Bezier角点，如图3-79所示。

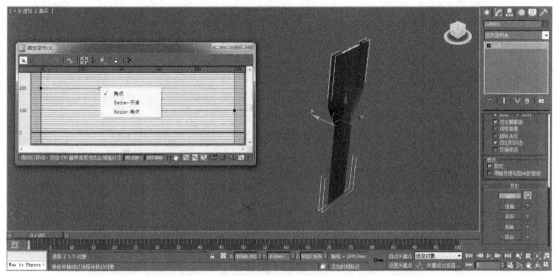

图 3-79

11）微调变形曲线如图3-80所示，进一步完善窗帘效果。

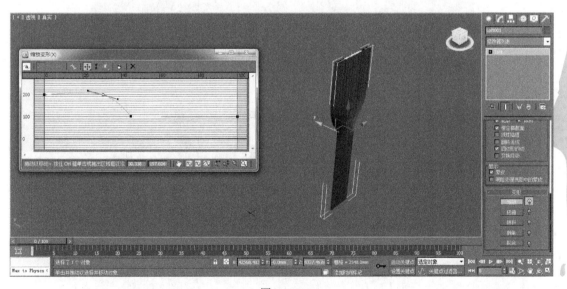

图 3-80

12）在"修改"命令面板的堆栈中打开Loft层级，选择"图形"子层级，在视图中选中截面，并在"图形命令"卷展栏中设置对齐方式为"左"，效果如图3-81所示。

命名此对象为"主帘1"。

13）镜像复制"主帘1"为"主帘2"，合并后效果如图3-82所示，命名为"主帘"。

14）"窗幔"的制作方法与"主帘"基本相同，使用如上方法在左视图中绘制封闭曲线作为放样截面，如图3-83所示。

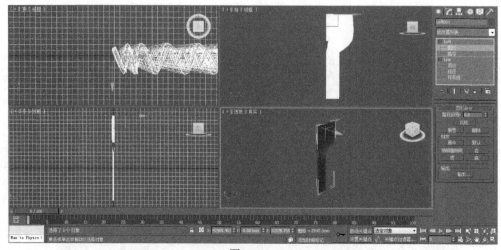

图 3-81

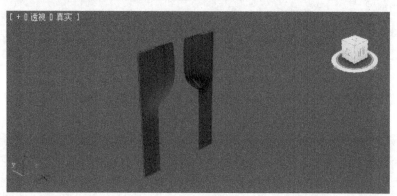

图 3-82

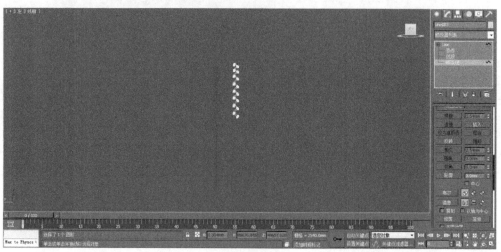

图 3-83

15）如图3-84所示，在前视图中绘制水平直线作为"窗幔"的放样路径。

16）放样结果如图3-85所示，发现方向错误。切换到"修改"命令面板，打开"扭曲"变形修改器，调整为90°，效果如图3-86所示。

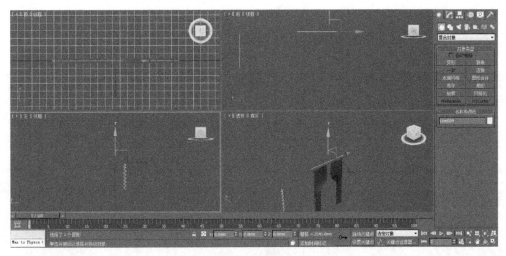

图 3-84

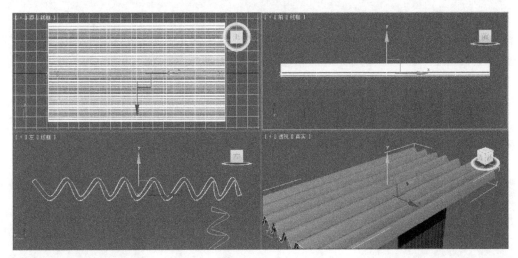

图 3-85

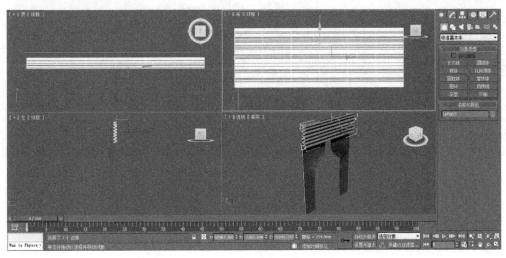

图 3-86

17）再次进入"缩放变形"窗口，调整"窗幔"的变形曲线，如图3-87所示。

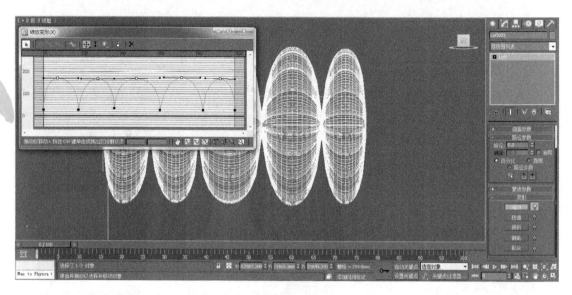

图 3-87

18）在"修改"命令面板的堆栈中打开Loft层级，选择"图形"子层级。选中截面后，再在"图形命令"卷展栏中设置对齐方式为"顶"，效果如图3-88所示。

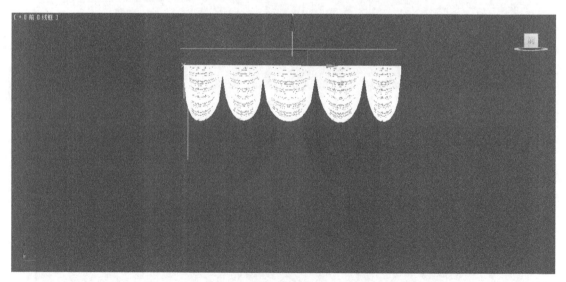

图 3-88

19）进一步调整"缩放变形"窗口中的曲线形状，效果如图3-89所示。

20）分别对"主窗"和"窗幔"做微调，使其位置合适，如图3-90所示。加上"窗帘盒"后，模型最终效果如图3-91所示。

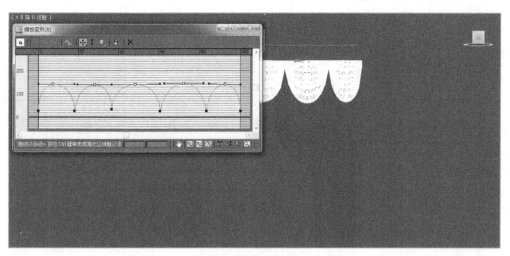

图 3-89

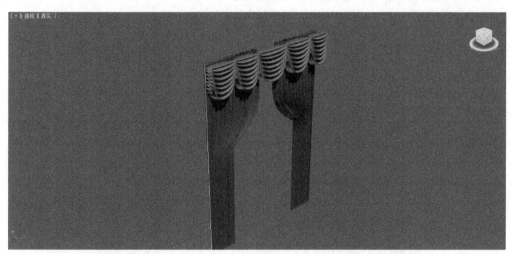

图 3-90

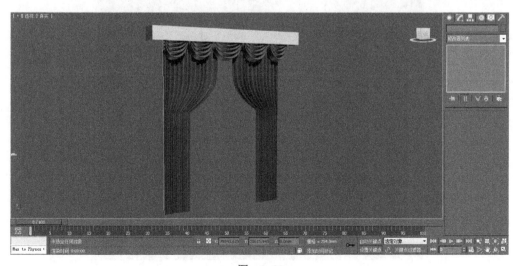

图 3-91

任务5 制作组合沙发

任务分析

之前所学的建模都是对整个模型进行修改，如果要对构成模型结构的元素进行编辑修改，这些修改器就无能为力了。本任务围绕制作组合沙发模型展开，学习"网格建模"知识，使用"可编辑网格"修改器对三维物体的点、线、面进行编辑修改，从而制作出符合要求的三维模型。

任务目标

学习如何转换模型为"可编辑网格"；如何编辑模型"元素"；掌握"网格建模"方法；利用所学技能制作组合沙发模型。

任务热身

1. 转换为"可编辑网格"

在3dx Max 9中，基本物体是由点、线、面等元素构成的，组成物体的每个基本造型称为元素，也称为子对象，"网格建模"通过"编辑网格"修改命令，就能对物体的某个组成元素进行修改编辑。

将一个已经创建的对象转换成"编辑网格"对象，有两种转换方法：第1种方法，选中此对象，在视图中单击鼠标右键，在弹出的快捷菜单中选择"转换为可编辑网格"命令，如图3-92所示；第2种方法，在"修改"命令面板的堆栈中选择需要转换对象的名称后，单击鼠标右键，在弹出的快捷菜单中选择"可编辑网格"选项。

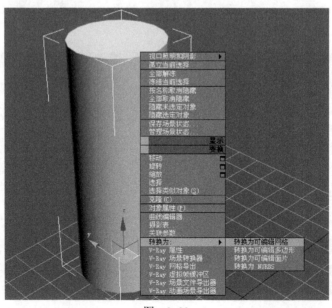

图 3-92

"可编辑网格"修改器主要用来将标准几何体、Bezier面片或NURBS曲面转换成可以编辑的网格对象。转换"可编辑网格"对象后，对象不会保持它的原始属性，只能通过在修改命令堆栈中选择"可编辑网格"的子对象对此物体进行修改。该修改器可编辑的子对象有"顶点""边""面""多边形"和"元素"，如图3-93所示。

图 3-93

1）顶点：以顶点为最小单位进行选择和编辑操作。

2）边：以边为最小单位进行选择和编辑操作。

3）面：以三角面为最小单位进行选择和编辑操作。

4）多边形：以多边形为最小单位进行选择和编辑操作。

5）元素：以元素为最小单位进行选择和编辑操作。

2. 编辑顶点

1）"选择"卷展栏，如图3-94所示。

① 按顶点：勾选该复选框，通过选择对象表面顶点来选择其周围的子对象。

② 忽略背面：勾选该复选框后，则在选择时只能选择朝向视图方向的子对象。

③ 忽略可见边：勾选该复选框后，可忽略物体的背面，只对当前显示的前面进行选择。

④ 平面阈值：对于多边形子对象选择指定共面的参数。

⑤ 显示法线：勾选后可以在视图中显示法线的方向。

⑥ 隐藏：隐藏选择的子物体。

⑦ 全部取消隐藏：重新显示隐藏的子对象。

⑧ 复制：将当前子对象级中命名的选择集合复制到剪切板中。

⑨ 粘贴：将剪贴板中复制的选择集合指定到当前次物体级别中。

图 3-94

2）"编辑几何体"卷展栏，如图3-95所示。

① 创建：单击此按钮可在视图中创建新的任意子对象。

② 删除：删除当前选择的子对象。

③ 附加：可将其他对象与当前多边形网格对象合并而生成一个新的整体对象。

④ 分离：将当前选择的子对象从此物体中分离出去，成为一个独立的新对象。

⑤ 断开：把相邻连接的面分离开，并创建一个分离的顶点。

图 3-95

⑥ 切角：对顶点或边进行切角处理，通过右侧的数值框可以设置其切角的大小。

⑦ 切片平面：单击此按钮，可以在网格对象的中间放置一个剪切平面，同时激活其右侧的"切片"按钮。

⑧ 剪切：单击此按钮，可以将对象沿剪切平面断开。

⑨ 分割：勾选后在进行切片或剪切操作时，会在细分的边上创建双重的点。

⑩ 焊接：此选项区中的参数与"编辑面片"命令的参数功能相同，所以这里不再介绍。

⑪ 删除孤立点：此按钮自动删除网格对象内部的所有孤立点，用于清理网格。

⑫ 视图对齐：单击此按钮后，当前选择的子物体会被放置在同一平面上，而且这一平面将平行于当前视图。

⑬ 栅格对齐：将所选择的子物体放置在同一平面上，这一平面将平行于栅格平面。

⑭ 平面化：单击此按钮，将当前选定的任意子对象沿其选择集的X轴、Y轴塌陷成一个平面，但并不是进行合成，只是同处于一个平面上。

⑮ 塌陷：将当前选择的点、线、面、多边形或元素删除，只留下一个顶点与四周的面连接。

3. 编辑边

1）"编辑几何体"卷展栏介绍如下。

① 拆分：此按钮可以在边的中间增加一个新的顶点，并且把边分成相等的两个段。在"边""多边形"及"元素"子对象下，用"拆分"按钮代替"断开"按钮。

② 改向：将对角面中间边换向，从而拆散多边形面为三角面，使三角面的划分改变。

③ 挤出：创建一个新的面，并且将新面剂压出厚度，使它突出或凹入表面。通过后面的数值框可以精确地控制挤出的厚度。

④ 选择开放边：仅选择物体的边缘线。

⑤ 以边创建图形：单击此按钮，可在当前选定的"边"子对象上创建独立的新样条。

2）"曲面属性"卷展栏，如图3-96所示。

这里详细介绍"边"子对象的"曲面属性"卷展栏参数。

① 可见：将当前选定的边指定为可见的边。

② 不可见：将当前选定的边指定为隐藏边。

③ 自动边：用于设置当前选定边的显示参数限值。

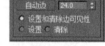

图 3-96

④ 设置和清除边可见性：选中该选项，则根据设置的角度参数决定边可见或隐藏。

⑤ 设置：选中该选项，将显示原先隐藏的边。

⑥ 清除：选中该选项，将隐藏原先可见的边。

4. 面/多边形/元素

1）编辑网格：子对象中的大部分参数与"编辑面片"命令的参数功能相同，因此不再赘述，仅针对一部分常用的参数进行讲解。

2）创建：单击此按钮，可以在视图中创建新的单个的任意子对象。

3）删除：单击此按钮，可以删除当前选择物体的任意子对象。

4）附加：可为此物体加入新的物体，使其成为一个整体。

5）分离：将当前选择的子物体分离出去，成为一个独立的新物体。

6）倒角：可以对物体选择的面和多边形的子对象进行倾斜处理。

7）焊接：选项组只对顶点子对象作用。

8）定项：设置选择顶点之间的参数并焊接。

9）目标：单击此按钮，在视图中将当前选择的点拖动到焊接的顶点上，就会自动进行焊接处理。

10）细化：单击此按钮，将根据选择的细分方式对选择表面进行分裂复制处理，以产生更多的表面用于光滑需要。

11）边：以当前所选择的面的边为依据进行细分复制。

12）面中心：以选择面的中心为依据进行分裂复制。

13）炸开：按下此按钮，可以将当前选择的面分离，形成独立的物体。

任务实施

制作组合沙发的实现步骤如下：

1）制作扶手模型。使用"长方体"工具在场景中创建一个长方体，然后在"参数"卷展栏下设置"长度"为700、"宽度"为200、"高度"为450，具体参数设置及模型效果如图3-97所示。

2）将长方体转换为可编辑网格，进入"边"层级，然后选择所有的边，接着设置"切角"为15，如图3-98所示。

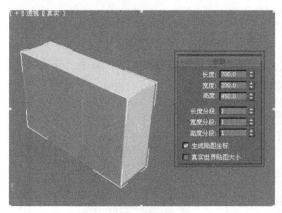
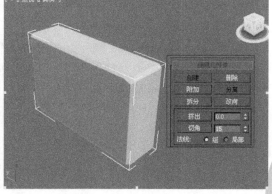

图 3-97   图 3-98

3）选择如图3-99所示的边，然后在"选择"卷展栏下单击"由边创建图形"按钮，接着在弹出的"创建图形"对话框中设置"图形类型"为"线性"，如图3-100所示。

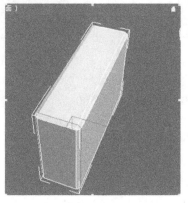

图 3-99   图 3-100

4）按〈H〉键打开"从场景选择"对话框，然后选择图形"Shape001"，如图3-101所示。接着在"渲染"卷展栏下勾选"在渲染中启用"和"在视口中启用"两个复选框，最后在"径向"中设置"厚度"为15、"边"为10，如图3-102所示。

5）为扶手模型加载一个"网格平滑"修改器，然后在"细分量"卷展栏下设置"迭代次数"为1，如图3-103所示。

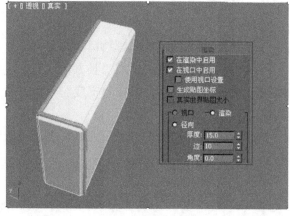

图 3-101　　　　　　　　　　　　　　图 3-102

6）选择扶手和图形，然后为其创建一个组，接着在"主工具栏"中单击"镜像"按钮，最后在弹出的镜像对话框中设置"镜像轴"为X轴、"偏移"为-1000、"克隆当前选择"为"复制"，如图3-104所示。

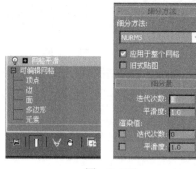

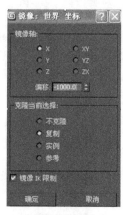

图 3-103　　　　　　　　　　　　　　图 3-104

7）制作靠背模型。使用"长方体"工具在场景中创建一个长方体，然后在"参数"卷展栏下设置"长度"为200、"宽度"为800、"高度"为500、"长度分段"为3、"宽度分段"为3、"高度分段"为5，具体参数设置及模型效果如图3-105所示。

8）将长方体转换为可编辑网格，进入"顶点"层级，然后在左视图中使用"选择并移动"工具将顶点调整为图3-106所示的效果。

9）进入"边"层级，然后选择如图3-107所示的边，接着设置"切角"为15，如图3-108所示。

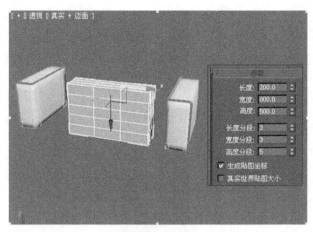

图 3-105

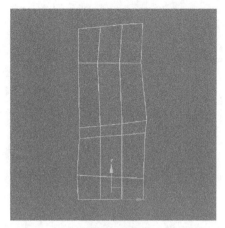

图 3-106

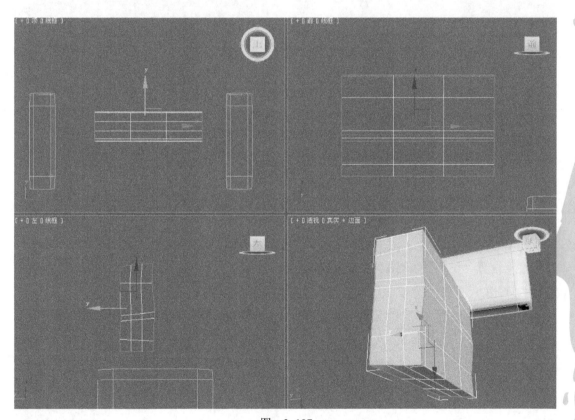

图 3-107

10）选择图3-108所示的边，然后在"选择"卷展栏下单击"由边创建图形"按钮，接着在弹出的"创建图形"对话框中设置"图形类型"为"线性"，如图3-109所示，效果如图3-110所示。

11）为靠背模型加载一个"网格平滑"修改器，然后在"细分量"卷展栏下设置"迭代次数"为1，具体参数设置及模型效果如图3-111所示。

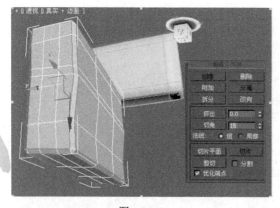

图　3-108

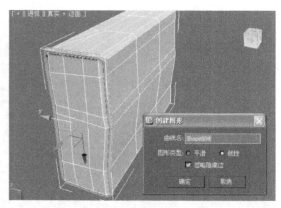

图　3-109

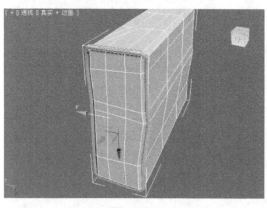

图　3-110

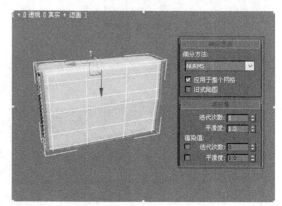

图　3-111

12）为靠垫模型和图形创建一个组，然后复制两组靠垫模型，接着调整好各个模型的位置，完成后的效果如图3-112所示。

13）制作座垫模型。使用"长方体"工具在场景中创建一个长方体，然后在"参数"卷展栏下设置"长度"为450、"宽度"为800、"高度"为200，具体参数设置及模型位置如图3-113所示。

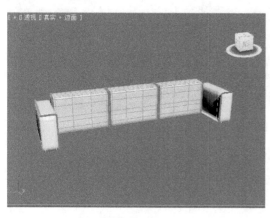

图　3-112

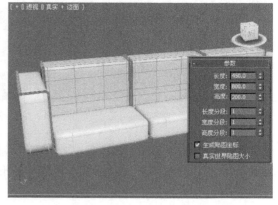

图　3-113

14）将长方体转换为可编辑网格，进入"边"层级，然后选择所有的边，接着设置

"切角"为20，如图3-114所示。

15）为模型加载一个"网格平滑"修改器，然后在"细分量"卷展栏下设置"迭代次数"为2，具体参数设置及模型效果如图3-115所示，接着复制一个座垫，模型效果如图3-116所示。

16）继续使用"长方体"工具在场景中创建一个长方体，然后在"参数"卷展栏下设置"长度"为2000、"宽度"为800、"高度"为200，具体参数设置及模型位置如图3-117所示。

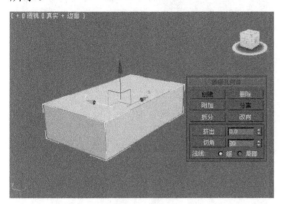

图 3-114

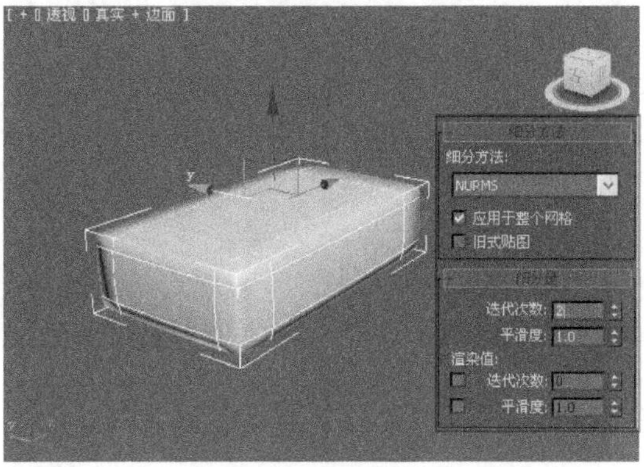

图 3-115

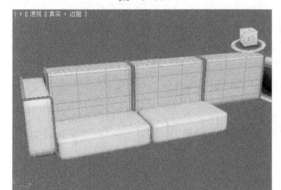

图 3-116

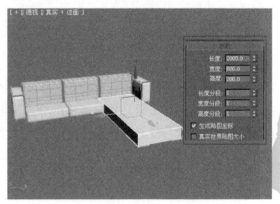

图 3-117

17）使用步骤4）～步骤15）的方法处理好模型，完成后的效果如图3-118所示。

18）使用"线"工具在顶视图中绘制如图3-119所示的样条线。

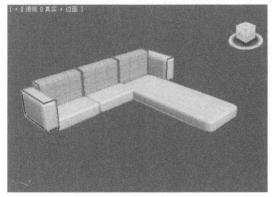

图 3-118

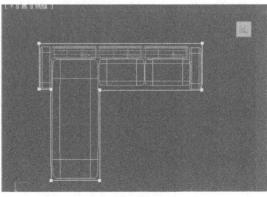

图 3-119

19）选择样条线，然后在"渲染"卷展栏下勾选"在渲染中启用"和在"视口中启用"2个复选框，接着选中"矩形"单选按钮，最后设置"长度"为46、"宽度"为22，如图3-120所示，最终效果如图3-121所示。

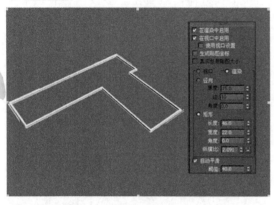
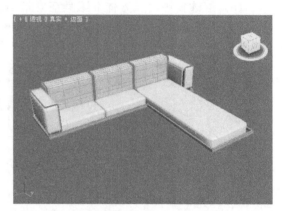

图　3-120　　　　　　　　　　　　　　图　3-121

项目总结

3ds Max中提供了很多功能各异的"编辑修改器"，在本项目中学习了挤出、弯曲、锥化等常用的修改器，读者应熟练掌握所学的"编辑修改器"，区分它们的特点与用处，并能在实际创作中灵活运用。

在高级建模的学习中，难点是灵活地使用"布尔"和"放样"等运算方式，综合利用点、线、面的网格编辑法塑造准确的模型结构。但需要注意的是，"网格建模"对象不是创建出来的，而是经过转换得来的。希望读者通过训练提高操作技能，制作出符合设计要求的造型，高效地完成任务制作。

项目 4
材质贴图技术实战

项目概述

　　现实世界中，每一种物体都具有它独特的表面特性，如颜色、纹理、不透明度等，而不是像前几个项目的任务那样仅赋予其某种颜色。要在3ds Max中逼真表现实物的各种物理特性，就要用到材质和贴图。本项目将通过3个任务的训练，学习如何制作材质与贴图，以赋予模型更加真实的外表。在任务中读者要学会使用"材质编辑器"编辑材质；使用各种"贴图通道"制作虚拟风景；使用VRay材质制作陶瓷茶具。

任务1　使用材质编辑器

任务分析

　　在3ds Max中材质与贴图的创建和编辑都是通过"材质编辑器"来完成的，本任务将详细介绍"材质编辑器"的用途，以及如何编辑操作。只有熟练掌握"材质编辑器"的使用技巧，才能随心所欲地创建和编辑材质。

任务目标

　　认识与了解"材质编辑器"和"材质/贴图浏览器"，学习如何设置其基本参数和扩展参数；能制作简单的材质。

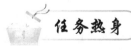
任务热身

　　材质就是一些指定给物体表面的显示参数，使物体在渲染时显示出不同的外部特征。指定到材质上的图像被称为贴图。贴图的主要作用是模拟物体表面的纹理和凹凸效果。在

3ds Max 2012中可以对材质的多种通道指定贴图，这样就可以利用贴图来影响物体的不透明度、反射、折射以及自发光等特性。

贴图和材质并不相同，材质主要反映的是物体表面的颜色、反光强度和透明度等基本属性，而贴图则反映了物体表面丰富多彩的纹理效果。但是材质和贴图又是密不可分的，每一种贴图都是基于特定的材质的。所以从更大的意义上来说，贴图是附属于材质的，因此往往把包含贴图的材质称为贴图材质。

材质与贴图的编辑工作需要在"材质编辑器"和"材质\贴图浏览器"中完成。"材质编辑器"是3ds Max 2012中功能强大的模块，可以创建、调整和指定材质。"材质\贴图浏览器"提供了材质和贴图的浏览功能，在"材质\贴图浏览器"中除了可以显示和选择材质贴图外，还可以保存和提取材质库文件。

1. 材质编辑器简介

图4-1所示为打开的"材质编辑器"，材质编辑器由菜单栏、材质样本窗、工具栏和参数卷展栏4部分组成。其中，菜单栏、材质样本窗和工具栏是固定不变的，下面的材质参数卷展栏部分是可变的，选择不同的材质，卷展栏也随之发生变化。

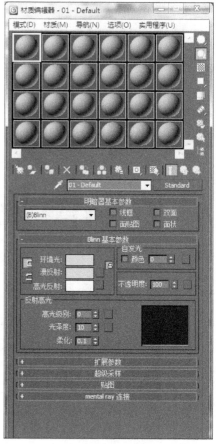

图 4-1

提示

在3ds Max 2012中打开材质编辑器，可以使用以下3种方法：
1）在主工具栏中单击"材质编辑器"按钮。
2）在菜单栏中执行"渲染"→"材质编辑器"命令。
3）直接在键盘上按〈M〉键。

（1）材质样本窗

材质样本窗中的球体叫作材质样本球，材质样本窗中可以放大材质样本球，调整材质样本窗布局，查看材质样本球使用状态以及进行材质的选择与命名等操作。

1）材质样本球的功能。在默认状态下材质样本窗中显示了6个材质样本球，每一个材质样本球表示一种材质。其作用是显示材质调整后的结果，每当参数发生改变，修改后的效果就会立刻反映到材质样本球上。根据材质样本球的显示就可以了解当前材质的效果。读者可以通过设置参数卷展栏中的参数来调节材质的属性，调整出满意的效果后，直接使用鼠标把材质拖曳到一个物体上，既给该物体指定了材质，当然也可以先把材质指定给物体，再对它进行编辑。可以把材质样本窗比作一个调色板，而材质样本球就是调出的一种材质色彩。

2）材质样本球的使用状态。没有被激活的示例球周围以黑色边框显示，单击一个示例球，就可以将其激活。激活的示例球周围会以白色边框显示。图4-2中的材质1就处于激活状态。已经赋予模型示例球的四角有三角形标志，如图4-3所示。

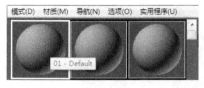

图 4-2 图 4-3

实际上材质样本窗中显示了24个材质样本球，读者可以拖曳样本窗中右侧和下方的滚动条来显示其他样本球。此外，还可以在材质样本窗中显示更多的样本球，方法为在任意一个示例球的上方单击鼠标右键，会弹出一个快捷菜单，如图4-4所示。通过菜单中提供的命令可以控制示例球的显示情况。例如，在图4-4所示的快捷菜单中选择"5×3示例窗"选项，即可按5×3的方式显示15个样本球，如图4-5所示。当然，还可以选择"6×4示例窗"选项，即显示24个材质样本球，如图4-1所示。

为了更好地观察材质的细节，读者也可以直接在材质样本球上双击鼠标左键，此时将弹出一个如图4-6所示的浮动对话框，在其中显示了一个放大的材质样本球，打开放大的材质样本球对话框，使用鼠标拖曳对话框的边角即可调整该对话框的大小。在默认情况下，对话框左上角的"自动"复选框处于勾选状态，表示对材质进行编辑时，对话框的材质样本球将自动更新显示。如果取消勾选"自动"复选框，则需要单击"更新"按钮，来手动更新材质样本球的显示。

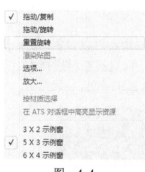

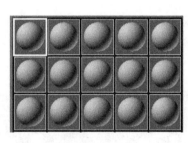

图 4-4 图 4-5 图 4-6

3）材质名称。选中一个材质样本球后，在材质样本窗下的下拉列表框中会显示该材质的默认名称。读者也可以在该下拉列表框中输入新的名称来命名该材质。当场景中物体和材质较多时，最好给每一种材质都起一个容易辨别的名称，否则很容易发生混淆。

（2）工具栏按钮

工具栏按钮（见图4-1）由示例窗右侧的垂直工具栏和下方的水平工具栏两部分组成。垂直工具栏中的按钮主要用于控制材质显示的属性，水平工具栏中的按钮用于对材质进行编辑操作。

1）垂直工具栏介绍如下。

① 采样类型▣：在默认状态下，材质样本显示为球形，通过该按钮可以将当前激活的材质样本改为圆柱体▣或正方体▣的形状，不同的显示方式可以帮助用户预测材质的效果。为不同材质样本使用相同的"棋盘格"贴图后的显示效果如图4-7所示。

图 4-7

② 背光 ⦿：用于控制是否打开背光，单击该按钮，可以切换背光的打开和关闭状态，图4-8所示为打开和关闭背光时材质样本球的效果。

③ 背景 ▦：单击该按钮后，可以把默认的材质样本球后的灰色背景显示为彩色的棋盘格背景。在编辑透明或半透明材质时，使用这种背景可以获得很好的观察效果，如图4-9所示。

有背光　　　　　　　无背光

图 4-8　　　　　　　　　　　　　　　　图 4-9

④ 采样UV平铺 ▦：用于设置材质样本球上显示的贴图的重复数，可以设置为 ▢、▤、▦、▦4种重复效果。单击此按钮，可以不改变材质本身的贴图，而直接在材质样本上预览效果。图4-10所示是应用4种"棋盘格"贴图方式得到的材质样本显示效果。

图 4-10

⑤ 视频颜色检查 ▦：检查NTSC和PAL制式下的材质色彩是否超过视频界限。

⑥ 生成预览 ✎：单击后打开一个对话框，用于设置动画材质的实时预览属性。

⑦ 选项 ▦：单击该按钮，可以打开"材质编辑器选项"对话框，如图4-11所示。在该对话框中，可以设置材质编辑器的各种属性。

⑧ 按材质选择 ▦：单击该按钮会弹出"选择对象"对话框，在对话框中可以根据当前激活的材质，将场景中具有相同材质的物体选择出来，如图4-12所示。

⑨ 材质/贴图导航器 ▦：单击该按钮会弹出"材质导航器"对话框，在对话框中会以层级树的形式来显示材质的总体情况。

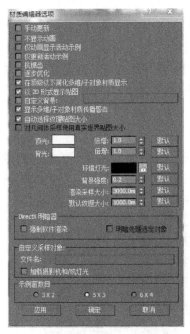

图 4-11

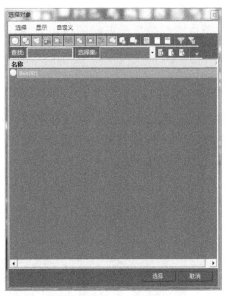

图 4-12

2）水平工具栏介绍如下。

①获取材质：单击该按钮可以打开"材质/贴图浏览器"窗口，读者可以在其中选择各种不用的材质和贴图。

②将材质放入场景：将同名的材质重新应用到场景中。

③将材质指定给选定对象：将材质赋予当前场景中所有选择的对象。

④重置贴图/材质为默认设置：单击该按钮后可以将当前材质的参数全部恢复为默认值。

⑤生成副本：单击该按钮会把同步材质赋值为参数相同的非同步材质。

⑥使唯一：可以将使用实例方式复制的子材质转换成独立的材质。

⑦放入库：把当前激活的材质保存到材质库中。使用这种方法可以将创建的比较满意的材质保存起来，以后直接调出使用即可，不用重复创建。

⑧材质ID通道：可以为材质指定特效通道（特效通道用于后期效果处理）。

⑨在视口中显示贴图：单击该按钮，可以在场景中显示物体的贴图效果，便于实时调节效果。

⑩显示最终结果：单击该按钮后，将显示材质的最终效果，否则将只显示当前层级的效果。

⑪转到父级：转到当前层级的上一级。

⑫转到下一个同级项：单击该按钮可以在当前层级内快速跳到下一个同级贴图或材质。

⑬从对象拾取材质：可以把对象的材质拾取到当前激活的材质样本球上。

⑭材质或贴图名称下拉列表框 01-Default：该下拉列表框中显示了激活材质或贴图的名称，也可以通过该下拉列表框对材质或贴图命名。

⑮Standard Standard：单击该按钮将会弹出材质/贴图浏览器，可从中选择不同的材质类型。

103

（3）"参数"卷展栏

"参数"卷展栏是编辑材质时经常访问的区域，各种材质的效果都是通过在"参数"卷展栏中进行参数设置而获得的。每种材质都包含了大量的参数，而各种材质的参数也不尽相同，所以"参数"卷展栏的使用方法往往会使一些初学者望而生畏。不过，如果弄清楚了各个"参数"卷展栏的层次关系以及切换方法和基本参数的意义，那么编辑材质的工作就会事半功倍。

2. 基本参数设置

在"明暗器基本参数"卷展栏的下拉列表框中选择不同的选项，其下的基本参数卷展栏会有所不同，但也有其相似之处，因此这里以默认选项"Blinn"的基本参数卷展栏为例，对其进行介绍，如图4-13所示。

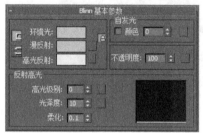

图 4-13

（1）下拉列表框

下拉列表框中可以设置材质的反光方式，如图4-14所示，其中各选项的作用及产生的效果介绍如下。

1）各向异性：是一种非均匀方式，以高光形状模拟真实物体的高光变化。

2）Blinn：是一种最基本的反光计算方式，它适用于80%以上的光滑物体。

图 4-14

3）金属：用来模拟金属材质的类型。

4）多层：用来模拟物体有几个反光层（如有塑料膜的纸张）。

5）Oren-Nayar-Blinn：这是一种融合效果的计算方式，是Blinn的一个变种。

6）Phong：非常基础的光滑方式，依照光线入射角来调整物体表面的光影变化。

7）Strauss：一种金属效果的计算方式。

8）半透明明暗器：可以模拟半透明透光效果。

（2）材质处理方式

1）线框：材质将以线框的形式出现。

2）双面：给物体的正反两面都赋予材质。

3）面贴图：忽略物体自身的贴图坐标，以物体的每一个面作为区域进行贴图。

4）面状：排除物体表面的自动光滑因素，表现出面片构成的结构。

（3）材质的颜色

标准材质基本上使用3种颜色来构成对象的表面颜色，分别如下。

1）环境光　指材质在阴影部分反射出来的颜色，它是当环境光比直射光强时，对象反射出的颜色。

2）漫反射：对象的固有色，它对物体外表的颜色影响最大，可作为物体的基本颜色。

3）高光反射：指高光点反射的颜色。高光颜色看起来比较亮，而且高光区的形状和尺寸可以控制，可根据不同质地的对象来确定高光区范围的大小以及形状。利用"反射高光"选项区，可以调整高光的强度、光照范围和柔和度。

（4）自发光、透明度和高光特性

1）自发光：该选项区中可设置物体的发光程度，也可以设置自发光的颜色。

2）不透明度：通过调整该数值框中的数值，可以调整材质的不透明度。值越小，材质的透明度越高。图4-15所示是在其他参数相同的情况下，将"不透明度"参数的数值分别设为100和40时的效果。

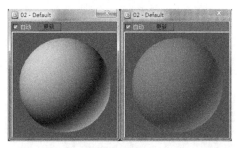

图 4-15

（5）反射高光

1）高光级别：在该文本框中可以设置高光强度。数值越大，高光点越亮。图4-16所示是在其他参数相同的情况下，将"高光级别"参数的数值分别设为10和50时的效果。

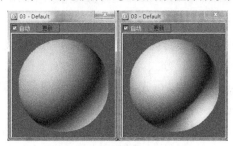

图 4-16

2）光泽度：在该文本框中可设置光照范围，数值越小，光照范围越大。图4-17所示是在其他参数相同的情况下，将"光泽度"参数的数值分别设为15和55时的效果。

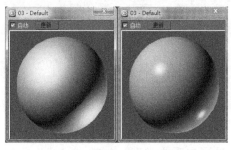

图 4-17

3）柔化：在该文本框中可以设置光照的柔和度，数值越大，阴影部分的光照越弱。图4-18所示是在其他参数相同的情况下，将"柔化"参数的数值分别设为1.0和0.1时的效果。

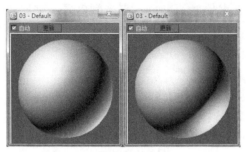

图 4-18

3. 扩展参数设置

通过基本参数卷展栏可以设置各种明暗模式材质的基本属性，此外，还可以在"扩展参数"卷展栏中进一步定义和调整材质属性，如图4-19所示，不同明暗模式的标准材质的扩展参数是相同的。

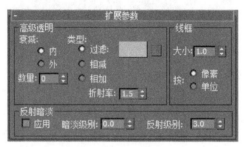

图 4-19

"高级透明"选项区用于设置透明材质的衰减效果，其中各选项的含义如下。

1）衰减：该选项用于设置衰减方式。选中"内"单选按钮，表示向内衰减，即由边缘向中心增加材质的透明程度，这可以用来产生玻璃瓶等透明效果。选中"外"单选按钮，表示向外衰减，即由中心向边缘增加材质的透明程度，可用来模拟云雾等透明效果。

2）数量：该文本框用于设置衰减程度的大小。图4-20所示为设置不同的衰减方式和衰减程度时得到的材质效果，左数第1个材质样本球的衰减程度为0，后面两个材质样本球设置衰减程度为70（分别为向内衰减和向外衰减）。

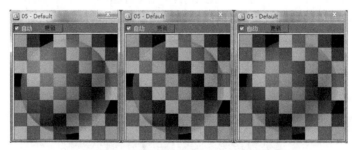

图 4-20

3）类型：该选项用于设置透明的类型，包括"过滤""相减"和"相加"3种类型。

系统默认的是"过滤"类型，选择这种类型可以设置透明的过滤颜色。选择"相减"类型，将减去透明表面的颜色；选择"相加"类型，将增加透明表面后面的颜色。图4-21所示是材质样本球的衰减程度为65时，选择不同的透明类型得到的效果。

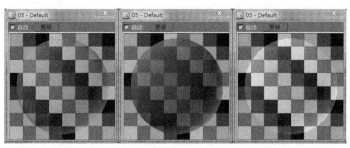

图　4-21

4）折射率：该文本框用于设置折射贴图材质或反射材质的折射率，可以控制材质对光线折射的程度。

4. 材质/贴图浏览器

在"材质/贴图浏览器"对话框中，不但可以浏览和选择各种类型的材质贴图，还可以保存和提取材质库文件，如图4-22所示。在"材质/贴图浏览器"对话框中双击一个类型的材质或贴图，就可以将它添加到材质编辑器中被激活的示例球上。

图　4-22

"材质/贴图浏览器"的主要功能如下。

1）查看列表：以文字方式显示材质的贴图的名称。

2）查看列表和图标：以小图标加上文字名称的方式进行显示。

3）查看小图标：以小图标的方式显示材质的贴图。

4）查看大图标：以大图标的方式显示材质的贴图。

5）材质库：显示当前材质库中的所有材质和贴图，选择该项后可以单击下方的"打开"按钮，打开其他的材质库文件。

6）材质编辑器：显示当前材质编辑器中的全部24个示例球。

7）活动示例窗：以层级树的形式显示被激活示例球的层级情况。

8）选定对象：显示场景中被选中的物体材质的材质情况。

9）场景：显示场景中全部材质的情况。

10）新建：显示全部可以应用的材质和贴图类型，用于创建新的材质或赋予新的贴图。

11）材质：在"材质/贴图浏览器"对话框的列表中显示材质。

12）贴图：在"材质/贴图浏览器"对话框的列表中显示贴图。

13）仅限：勾选此复选框，在列表中仅显示材质的根级材质，而不显示次级材质。

14）按对象：勾选此复选框，会在列表中显示被赋予材质物体的名称。

3ds Max 2012提供了16种材质类型，分别为DirectX Shader材质、Ink'n Paint材质、变形器材质、标准材质、虫漆材质、顶/底材质、多维/子对象材质、高级照明覆盖材质、光线跟踪材质、合成材质、混合材质、建筑材质、壳材质、双面材质、外部参照材质、无光/投影材质。几种常用的材质类型将在后面的项目中讲解并配以实例制作。

任务2　制作虚拟风景

任务分析

3ds Max在标准材质的贴图区中提供了12种贴图通道，本任务将学习几种常用的贴图通道，通过"虚拟风景"实战训练，了解贴图通道的作用，掌握其操作方法，会使用贴图通道制作各种贴图效果。

任务目标

认识了解材质贴图通道；学习"漫反射颜色""凹凸""反射""折射"等常用贴图通道的使用；利用所学技能制作虚拟风景。

任务热身

1. 贴图通道简介

在基本参数卷展栏中的"漫反射"参数类型旁边有一个正方形按钮，通过单击该按钮，可以进入"漫反射颜色"贴图通道设置面板，在此可对要使用的贴图进行格式设置。使用过贴图设置的按钮，显示为。这是最方便的贴图设置方式，但只能对"漫反射颜色"贴图通道进行设置。若对所有的贴图类型进行设置，则必须在"贴图"卷展栏中设置。

图4-23所示是"材质编辑器"的"贴图"卷展栏。单击贴图通道旁边的"None"按钮，可以打开"材质/贴图浏览器"对话框，如图4-24所示。在该对话框中选择合适的贴图类型并通过相应的设置即可将贴图应用于各个贴图通道。此外，在每个贴图通道前面还有一个启用或禁用贴图的复选框及数量文本框，以方便用户决定是否使用贴图以及设置作用的程度。

图 4-23

图 4-24

2. "漫反射颜色"贴图通道

"漫反射颜色"是贴图通道中最常用的贴图通道之一。它决定了对象表面的颜色及其纹理，也就相当于给对象穿上了衣服。设定"漫反射颜色"贴图通道可在"贴图"卷展栏中单击"None"按钮来设定，也可以在基本参数卷展栏中单击"漫反射"参数后面的按钮来进行设定。举例介绍如下：

1）启动3ds Max 2012，打开配套素材中的项目4→4.2虚拟风景→"4.2.1m.max"文件，如图4-25所示。

2）单击主工具栏中的按钮或按〈M〉快捷键"，打开材质编辑器。选择任意一个样本球，展开"贴图"卷展栏，单击"漫反射颜色"贴图通道中的"None"按钮，在打开的"材质/贴图浏览器"对话框中双击"位图"选项，打开"选择位图图像文件"对话框，如图4-26所示。

图 4-25

图 4-26

3）在该对话框中选择配套素材中的项目4→4.2虚拟风景→"4.2.1s.jpg"文件，为创建的模型设置"漫反射颜色"贴图。在视图中选择椅子的坐垫和靠背部分，单击水平工具栏中的"将材质指定给选定对象"按钮，渲染透视图得到一个有材质的椅子模型，如图4-27所示。在菜单栏中执行"文件"→"保存"命令，将场景保存并命名为"漫反射颜色贴图"效果文件。

图 4-27

3．"凹凸"贴图通道

"凹凸"贴图通道可以使对象产生凸起效果，常用于模拟非平滑表面，如岩石、硬币等对象。举例介绍如下：

1）在上面的场景文件中执行"文件"→"另存为"命令，将场景另存并命名为"凹凸贴图"效果文件。

2）单击主工具栏中的"材质编辑器"按钮，打开材质编辑器，展开"贴图"卷展栏，单击"凹凸"贴图通道中的"None"按钮，在弹出的"材质/贴图浏览器"对话框中双击"位图"选项，在弹出的对话框中选择配套素材中的项目4→4.2虚拟风景→"4.2.2s.jpg"文件，设置"凹凸"贴图，渲染透视图，效果如图4-28所示。

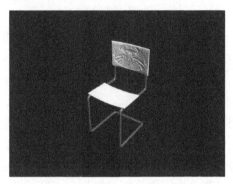

图　4-28

3）在"贴图"卷展栏中调整"凹凸"贴图通道的"数量"参数的值，将其设置为120，如图4-29a所示，渲染透视图，效果如图4-29b所示。

a)　　　　　　　　　　　　　　b)

图　4-29

4．"反射"贴图通道

"反射"贴图通道主要用来表现具有镜像效果的对象，如水面、玻璃、镜子或光滑的地板、塑料等具有高反射效果的对象。举例介绍如下：

1）启动3ds Max 2012。在"几何体"创建面板的"对象类型"卷展栏中，单击"四棱锥"按钮，在场景中创建一个四棱锥。再单击"长方体"按钮，在四棱锥下面创建一个长方体，设置参数并调整其位置，如图4-30所示。

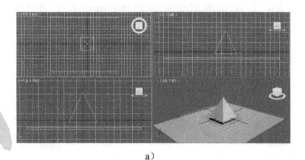  

a)　　　　　　　　　　　　b)　　　　　　　　c)

图　4-30

2）打开材质编辑器，选中第1个材质球，展开"贴图"卷展栏，单击"反射"贴图通道中的"None"按钮，在弹出的对话框中双击"反射/折射"选项。此时，材质编辑器转到"反射/折射参数"卷展栏，如图4-31所示。从卷展栏中可以看出，默认情况下是自动反射周围环境的图像。在视图中选中创建的四棱锥，将设置的材质赋予四棱锥。

3）选中第2个材质球，在"贴图"卷展栏中单击"漫反射颜色"贴图通道中的"None"按钮，在打开的对话框中双击"位图"选项，选择配套素材中的项目4→4.2虚拟风景→"4.2.3s.jpg"文件，在视图中选中创建的长方体，将设置的第2个材质赋予长方体。

4）关闭材质编辑器，在菜单栏中执行"渲染"→"环境"命令，打开"环境和效果"窗口，在"公用参数"卷展栏中勾选"使用贴图"复选框，如图4-32所示，单击"环境贴图"下面的"无"按钮，在打开的"材质/贴图浏览器"对话框中双击"位图"选项，在打开的"选择位图图像文件"对话框中选择配套素材中的项目4→4.2虚拟风景→"4.2.4s.jpg"文件，作为背景图，如图4-33所示。

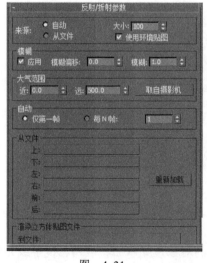 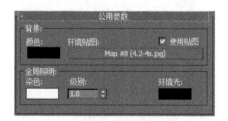

图　4-31　　　　　　　　　　　　　　图　4-32

5）渲染透视图，观察赋予了反射贴图的四棱锥，效果如图4-34所示。保存该场景为"反射贴图"效果文件。

图　4-33

图　4-34

5. "折射"贴图通道

折射贴图用来表现对象表面折射周边的其他对象或环境，常用于表现宝石、钻石、玻璃、水、冰等对光线的折射效果。由于该贴图在处理时产生的效果比较细腻，因此渲染时需要大量的时间。在使用时单击"折射"贴图模式后面的"None"按钮，在打开的"材质/贴图浏览器"对话框中选择"反射/折射"选项，即可设置折射效果。不同的对象折射率不同，可根据需要调整其折射率。举例介绍如下：

1）在上面的场景文件中执行"文件"→"另存"命令，在弹出的对话框中将该文件另存为"折射贴图"效果文件。

2）打开"材质编辑器"，在"贴图"卷展栏中拖曳"反射"贴图通道按钮到"折射"贴图通道中的按钮上，在弹出的"复制（实例）贴图"对话框中选中"交换"单选按钮后单击"确定"按钮，图4-35所示，将折射贴图与反射贴图交换。渲染视图，可见四棱锥下表面折射出长方体的"漫反射"贴图，上表面折射出背景"环境贴图"，如图4-36所示。

图 4-35　　　　　　　　　　　　　　　　　图 4-36

任务实施

制作虚拟风景的实现步骤如下：

1）进入"创建"命令面板，单击"平面"按钮，新建如图4-37所示的平面"Plane01"。

2）选择"Plane01"，进入"修改"命令面板，按照图4-38所示修改参数。

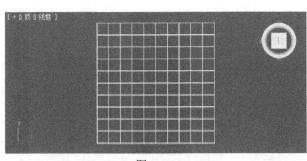

图　4-37　　　　　　　　　　　　　　　　图　4-38

3）在"修改"面板命令的下拉列表框中选择"噪波"选项，为模型添加"噪波"修改器。进入"噪波"属性面板，按照图4-39所示修改面板参数。修改后的渲染效果图如4-40所示。

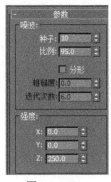

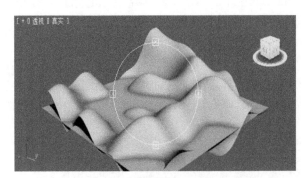

图　4-39　　　　　　　　　　　　　　图　4-40

4）选择"Plane01"，在"修改"命令面板的下拉列表框中选择"网格光滑"选项，在"噪波"修改的基础上，为模型添加"网格光滑"修改器，在"细分量"卷展栏中按照图4-41所示修改参数，修改后的效果如图4-42所示。

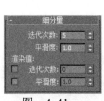

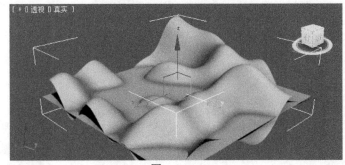

图　4-41　　　　　　　　　　　　　图　4-42

5）单击主工具栏中的"材质编辑器"按钮，打开材质编辑器面板，选择第1个样本球，展开"贴图"卷展栏，单击"漫反射颜色"贴图通道中的"None"按钮，在弹出的"材质/贴图浏览器"对话框中双击"位图"选项，在弹出的对话框中选择配套素材中的项目4→4.2虚拟风景→"4.2.5s.jpg"文件。为创建的模型设置"漫反射颜色"贴图，将其指定为草原材质。

6）选择"Plane01"，单击"材质编辑器"中的"映射材质"按钮，将材质指定给选定对象，效果如图4-43所示。

7）新建如图4-44所示的平面"Plane02"，作为水面。

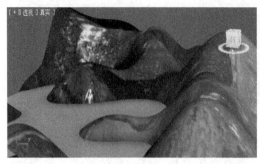
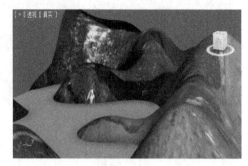

图 4-43   图 4-44

8）单击工具栏中的"材质编辑器"按钮打开材质编辑器面板，选择第2个样本球，展开"贴图"展卷栏，单击"反射"贴图通道中的"None"按钮，在弹出的"材质/贴图浏览器"对话框中选择"新建"选项，如图4-45所示，并在右边的列表框中双击"光线跟踪"选项。

9）单击"返回"按钮返回到上级目录，展开"贴图"卷展栏，单击"凹凸"贴图通道中的"None"按钮，在弹出的"材质/贴图浏览器"对话框中选择"新建"选项，并在其右边的列表框中双击"噪波"选项，进入噪波属性面板，按照图4-46所示修改参数。

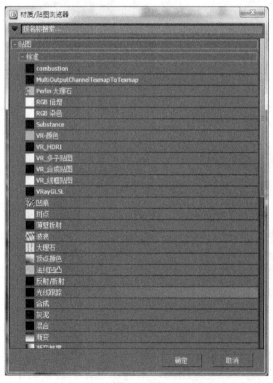

图 4-45   图 4-46

10）选择"Plane02"，单击"材质编辑器"中的"将材质指定给选定对象"按钮，将水纹材质指定到平面"Plane02"上。

11）在菜单栏中执行"渲染"→"环境"命令，打开"环境"属性面板，单击"位图"贴图，选择一张天空的图片作为背景贴图，渲染的最终效果如图4-47所示。

图 4-47

任务3 制作陶瓷茶具材质

 任务分析

当3ds Max安装好VRay渲染器后，在材质编辑器中即可使用VRay材质。本任务将详细地介绍VRayMatl材质的参数设置以及使用方法。使用VRay材质在场景中能够获得更加准确的物理照明和更好的渲染效果，使3ds Max效果图更加真实。

 **任务目标**

认识了解VRayMatl材质；学习VRayMatl材质的编辑使用方法；完成陶瓷茶具材质的制作。

任务热身

VRayMatl材质是使用频率较高的一种材质，也是使用范围较广的材质，常用于制作室外效果图。VRayMatl材质参数设置面板如图4-48所示。

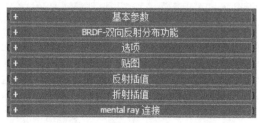

图 4-48

（1）"基本参数"展卷栏

展开"基本参数"卷展栏，如图4-49所示。

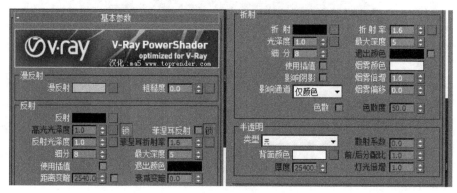

图 4-49

1）"漫反射"选项组介绍如下。

①漫反射：物体的漫反射用来决定物体的表面颜色。通过单击色块，可以调整自身颜色。单击右边的█按钮可以选择不同的贴图类型。

②粗糙度：数值越大，粗糙效果越明显，可以用该项来模拟绒布效果。

2）"反射"选项组介绍如下。

①反射：这里的反射是靠颜色的灰度来控制，颜色越白反射越亮，越黑反射越弱；而这里选择的颜色则是反射出来的颜色，和反射的强度是分开计算的。单击旁边的█按钮，可以使用贴图的灰度来控制反射的强弱。

②菲涅耳反射：勾选"菲涅尔反射"复选框后，反射将具有真实世界的玻璃反射效果。这意味着当角度在光线和表面法线之间角度值接近0°时，反射将衰减。当光线几乎平行于表面时，反性最大。当光线垂直于表面时，几乎没有反射发生，反射强度与物体的入射角度有关系，同时，菲涅尔反射的效果也和Fresnel IOR（菲涅尔反射率）有关系。当菲涅尔反射率为0和100时将产生完全反射。当IOR为1时，反射失去作用；当IOR从1往0调节时，反射越来越大；当IOR从1往100调节时，反射也越来越大。

"菲涅耳反射"是模拟真实世界中的一种反射现象，反射的强度与摄像机的视点和具有反射功能的物体的角度有关。角度值越接近0时，反射越强；当垂直于物体表面时，反射功能最弱，这也是物理世界中的现象。

③ 菲涅耳折射率：在"菲涅耳反射"中，菲涅耳现象的强弱衰减率可以用该项来调节。

④ 高光光泽度：控制材质的高光光泽度大小，默认情况下是和"反射光泽度"是一起关联控制的，可以通过单击旁边的█按钮来解除锁定，从而可以单独调整高光的大小。

⑤ 反射光泽度：通常也被称为"反射模糊"。物理世界中所有的物体都有反射光泽度，只是或多或少而已。默认值1表示没有模糊效果，而比较小的值表示模糊效果越强烈。单击右边的█按钮，可以通过贴图的灰度来控制反射模糊的强弱。

⑥ 细分：细分数值用来控制反射模糊的质量。数值越高效果越好，渲染效果越平滑，杂点越少，而较低的数值让模糊区域有明显的颗粒感觉，细分的数值越大渲染速度越慢。当细分值为1时，这个细分值会失去作用。

⑦ 使用插值：当勾选"使用插值"复选框时，VRay能够使用类似于"发光贴图"的缓存方式来加快模糊反射的计算。

⑧ 最大深度：反射的最大次数。反射次数越多，反射效果越好。数值越大，渲染速度越慢，当选择1的时候会得到比较差的效果。如果调节为5，则比较慢，可以通过降低Max depth、加大采样数值的方法，达到速度和质量的平衡。

渲染室内金属或玻璃物体时，反射次数需要大一些，渲染地面和墙面时，反射次数可以设置得少一些，这样可以提高渲染速度。

⑨ 退出颜色：当材质的反射达到最大深度时就会停止计算反射，这时由于反射次数不够造成的反射区域的颜色就用退出颜色来代替。默认为黑色，可以调节为其他颜色。

3）"折射"选项组介绍如下。

① 折射：和反射的原理一样，越接近白色的颜色，物体透明度越高，进入物体内部产生折射的光线也就越多，越接近纯黑的颜色，物体就越不透明，产生折射的光线也就越少。单击右面的█按钮，可以通过贴图的来控制折射的强弱。当灰度数值为纯黑色的时候，材质的折射效果将完全消失。

② 折射率：设置透明物体的折射率。

真空的折射率是1，水的折射率是1.33，玻璃的折射率是1.5，水晶的折射率是2，钻石的折射率是2.4，这些都是制作效果图时常用的折射率。

③ 光泽度：用来控制物体的折射模糊程度。数值越小，模糊程度越明显；默认值为1，即不产生折射模糊。单击右边的█按钮，可以通过贴图的灰度来控制折射模糊的强弱。

④ 最大深度：和反射中的最大深度原理一样，用来控制折射的最大次数。

⑤ 细分：用来控制折射模糊的品质，较高的值可以得到比较光滑的效果，同样渲染时间较长，较低的数值会使模糊区域有明显的杂点产生。

⑥ 退出颜色：当物体的折射次数达到最大次数时就会停止计算折射，这时由于折射次数不够造成的折射区域的颜色就用退出颜色来代替。

⑦ 使用插值：当勾选该复选框时，VRay能够使用类似于"发光贴图的"的缓存方式加快"光泽度"的计算。

⑧ 影响阴影：此复选框将控制透明物体产生的阴影。勾选后物体将产生真实的阴影。此复选框仅对VRay灯光或VRay阴影类型有用。

⑨ 烟雾颜色：这个颜色可以控制光线通过透明物体后的深度，就好像和物理世界中的半透明物体一样。这个颜色的值和物体的尺寸有关，厚的物体颜色需要给淡一点才能看出效果。

提示

默认情况下的"烟雾颜色"为白色，是不起作用的，也就是说，白色的烟雾对不同厚度的透明物体效果是一样的。

⑩ 烟雾倍增：控制烟雾的浓度值，数值越小，雾越稀薄、光线穿透物体的能力越强。

⑪ 烟雾偏移：控制烟雾的偏移，较低的数值会使烟雾向摄像机的方向偏移。

4）"半透明"选项组介绍如下。

① 类型：次表面散射（SSS）的类型有3种，一种是hard model（硬质感式），如蜡烛；一种是soft model（软质感模式），如海水；还有一种是"混合模型"。

② 背面颜色：用来控制半透明效果的颜色。

③ 厚度：用来控制光线在物体内部被追踪的深度，也可以理解为光线的最大穿透能力。较大的值，会让整个物体都被光线穿透；而比较小的值会让物体比较薄的地方产生次表面散射现象。

④ 散射系数：物体内部的散射总量。0.0表示光线在所有方向被物体内部散射；1.0表示光线在一个方向上被物体内部散射，而不考虑物体内部的曲面。

⑤ 前/后分配比：控制光线在物体内部的散射方向。0.0表示光线沿着灯光发射的方向向前散射；1.0表示光线沿着灯光发射的方向向后散射；而0.5表示这两个情况各占50%。

⑥ 灯光倍增：光线穿透能力倍增值。值越大，散射效果越强。

提示

半透明效果产生的参数效果通常也叫作3S效果。半透明参数产生的效果与雾参数产生的效果有一些相似，很多用户分不清楚。其实半透明参数所得到的效果包括了雾参数产生的效果，更重要的是，它还能得到光线的次表面效果，也就是当光线直射到半透明物体时，光线会在半透明物体内进行分散，然后会从物体的四周散发出来。也可以理解为半透明物体的二次光源能模拟现实世界中的效果。

（2）"贴图"展卷栏

展开"贴图"卷展栏，如图4-50所示。

图 4-50

"贴图"卷展栏中的重要参数介绍如下。

① 凹凸：主要用于制作物体的凹凸效果，在后面的通道中可以加载一张凹凸贴图。

② 置换：主要用于制作物体的置换效果，在后面的贴图通道中可以加载一张置换贴图。

③ 透明：主要用于制作透明物体，如窗帘、灯罩等。

④ 环境：主要是针对一些贴图而设定的，如反射、折射等，只是在其贴图的效果上加入了环境贴图效果。

任务实施

使用VRayMatl材质制作陶瓷茶具的实现步骤如下。

1）打开配套素材中的项目4→4.3陶瓷茶具→"4.3.1m.max"文件。打开材质编辑器，选择一个空白材质球，设置材质类型为VRayMatl材质，具体参数设置如图4-51所示。

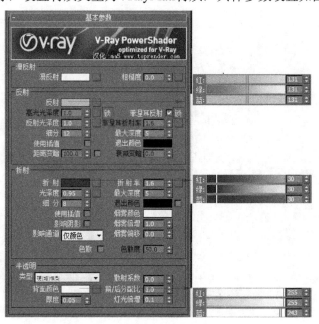

图 4-51

2）设置"漫反射"颜色为白色。

3）设置"反射"颜色为（红：131；绿：131；蓝131），然后勾选"菲涅耳反射"复选框，设置"细分"为12。

4）设置"折射"颜色为（红：30；绿：30；蓝30），然后设置"光泽度"为0.95。

5）设置"半透明"类型为"硬（蜡）类型"，然后设置"背面颜色"为（红：255；绿：255；蓝243），并设置"厚度"为0.05。

6）本例中的陶瓷材质并非为全白色，如果要制作全白陶瓷材质，可以将"反射"颜色修改为白色，但同时要将"反射"选项区中的"细分"增大到15左右，如图4-52所示，材质球效果如图4-53所示。

7）展开"BRDF-双向反射分布功能"展卷栏，然后设置明暗类型为"Phong"，如图4-54所示。接着展开"贴图"展卷栏并在凹凸贴图通道中加载配套素材中的项目4→4.3陶瓷茶具→"4.3.1s.jpg"文件，设置凹凸强度为11，制作好的材质球如图4-55所示。

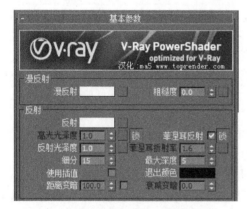

图 4-52

图 4-53

图 4-54

图 4-55

8）将制作好的材质指定给场景中的模型，然后按〈F9〉键渲染当前场景，最终效果如图4-56所示。

图 4-56

项目总结

通过本项目的学习，相信读者已经对材质制作有了比较详细的认识，并且已经能够制作出生活中常用的材质，需要读者重点掌握的知识点还会在后续的操作中逐步渗透和训练。除了最常用的几种贴图通道外，还有"环境光颜色"贴图通道、"高光颜色"贴图通道等，它们的含义和贴图与常见的通道类似，为使读者能有针对性地学习，这里就不逐一介绍了，能否塑造真实材质在很大程度上取决于是否能够综合运用贴图通道与各式各样的贴图类型。VRay材质灵活易用，效果真实，可以制作模拟出各种现实世界中的材质效果，对于VRay材质的应用在后续学习的效果图制作案例中还会有更多的接触和训练，所以对本项目中知识点的掌握是对日后制作效果图的一个重要铺垫。

项目 **5**

灯光技术实战

项目概述

在3ds Max 2012中的灯光技术也是强化最终效果的核心，它直接影响场景中物体的光泽度、色彩度和饱和度，并且对物体材质的表现效果也起着很显著的衬托作用。本项目将通过3个任务对3ds Max中的灯光技术进行学习，在任务"秋日沉思"中学习标准灯光的使用；在任务"清晨餐桌"中学习"三点照明"布光法和光度学灯光的使用；在任务"浪漫烛光"中学习VRay灯光的使用。本项目中应重点掌握几种常用灯光的使用方法，以及对灯光特效的运用。

任务1　制作秋日沉思

任务分析

本任务将介绍3ds Max中所包含的灯光类型和灯光属性，结合简单的茶壶模型，以目标聚光灯为例，训练灯光的基本创建方法及各项参数的调整，更直观地体验灯光参数调整的效果。

任务目标

认识灯光类型；了解灯光属性；学习目标聚光灯如何创建以及灯光参数的调整；完成任务训练秋日沉思。

任务热身

在人们的生活中，因为有了光才展现出一个色彩斑斓的世界，才呈现出真切实在的场景。在三维场景中，灯光的作用不仅是将物体照亮，而是要进一步通过灯光效果传达这一场景的基调感觉和逼真度，烘托场景气氛。因为在现实世界中光源是多方面的，如阳光、天光、烛光、荧光灯等，在这些不同光源的影响下所观察到的场景、物体效果也不同。例如，日光下的物体颜色、投影和月光或灯光下的物体颜色、投影有着明显的差异，这里也正是需要利用这样的光感效果差异来表现不同的环境氛围。但要达到场景最终的真实效果，需要建立许多不同类型的灯光来实现这些效果。下面先介绍3ds Max 2012中的灯光类型及属性。

提示　如果用户没有在场景中设置灯光，则系统会使用默认的照明方式：由两盏灯来照明系统，默认灯光没有照射到的物体没有阴影，更便于用户看到创建的模型或材质的效果，但和现实当中的灯光有明显的差异，如图5-1所示。当用户在场景中根据需要创建灯光时，系统默认的泛光灯会自动关闭，而当用户删除了所有创建灯光物体时，系统又会恢复默认的照明方式。

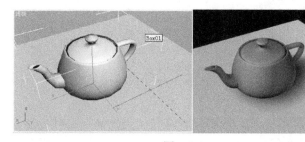

图　5-1

1. 灯光的类型

灯光有两种类型，一种是"标准"灯光类型，标准灯光类型还可以细分为目标聚光灯、Free Spot（自由聚光灯）、目标平行光、自由平行光、泛光灯、天光、mr区域泛光灯和mr区域聚光灯8种；另一种是虚拟真实的"光度学"灯光类型，其中包括目标点光源、自由点光源、目标线光源、自由线光源、目标面积光、自由面积光、IES太阳光和IES天光8种。通常，光度学类型的灯光只有在光跟踪器或光能传递两种渲染方式下才能产生很好的照明效果。这里首先介绍"标准"灯光类型中各种灯光的作用。

在3ds Max 2012的"创建"命令面板中，单击"灯光"按钮，即可打开"灯光"创建面板。选择"灯光"创建面板中的"标准"灯光类型，在"对象类型"卷展栏中，可以创建的灯光类型有8种：目标聚光灯、Free Spot（自由聚光灯）、目标平行光、自由平行光、泛光灯、天光、mr区域泛光灯和mr区域聚光灯，如图5-2所示。使用这8种灯光，可以对虚拟三维场景进行光线处理，使场景表现出真实的效果，其功能如下。

图　5-2

（1）目标聚光灯

目标聚光灯用来投射扇形光束，影响光束内被照射的物体。它的照射范围可以指定，类似汽车头灯和剧院的跟踪光。利用目标点和变换照射范围可以指定灯光的照射目标，也可以制作动画。

（2）自由聚光灯

自由聚光灯具有所有目标聚光灯的属性，但没有投射目标，它主要用于制作灯光动画。

（3）目标平行光

目标平行光发出的光源是直射灯束，类似激光和太阳光束，所形成的投影不会出现扇形效果，通常用来模拟太阳光。

（4）自由平行光

自由平行光和目标平行光类似，区别在于它没有投射目标。

（5）泛光灯

泛光灯是一种点光源，类似于蜡烛，光线从一个固定的点向四面八方发射，能照亮它包含的所有范围。

（6）天光

天光可以作为场景中的唯一光源用于产生柔和的阴影，也可以和其他灯光配合使用，以产生特殊高光和尖锐阴影效果。

（7）mr区域聚光灯

mr区域聚光灯跟聚光灯相似，区别在于不需要指定区域。

（8）mr区域泛光灯

mr区域泛光灯跟泛光灯相似，区别在于没有目标，并且不指定区域。

2．灯光的属性及设置

现实生活中有各种各样的光源，如阳光、灯光、火光等。每种光源都具有其自身的属性特点，而如何表现出这些光源属性的特点及效果，从而真实地再现各种场景环境，这就需要对光源的属性有清楚的认识。下面介绍3ds Max 2012中灯光的主要属性。

（1）灯光的属性

1）亮度：灯光能够照亮场景中的物体，亮度的大小在很大程度上影响着场景的环境氛围。白天的烈日之下和晚上微弱的烛光下，这是完全不同的场景。另外，同样的材质，在不同的亮度下表现出的效果也会有很大的差异。在3ds Max 2012中，一般通过调整灯光的"倍增"数值来改变其亮度。

2）灯光的衰减：在夜晚观察手电筒发出的光，距离手电筒越近的地方，光的亮度越强；远离手电筒的地方，光会变得很微弱，这就是光的衰减效果。对于一般的灯光，亮度都是有衰减的，如果场景中没有适当的衰减变化，则会使场景显得不真实。特别是在阴天或雾天的环境中，灯光的衰减更为严重，但如果要模拟阳光照射，则可以忽略它的衰减。

3）灯光颜色和色温：3ds Max 2012默认的灯光颜色是纯白色，但很多场景中需要使用其他颜色的灯光效果。例如，太阳光为暖色调光线，颜色为黄白色，普通电灯泡产生的灯光为橘黄色。

4）灯光反射：在现实生活中灯光是可以反射的，所以人们可以看到灯光没有直接照射到的物体。但在默认情况下，3ds Max 2012中的灯光并不会在物体表面产生反射，因此为了产生理想的照明效果，往往需要比现实情况更多的光源。用户还可以设置灯光的反射特性，如使用光能传递渲染系统，就可以很好地模拟现实世界中的灯光效果。

（2）灯光参数的设置

在3ds Max 2012中灯光的属性主要通过各种光源的卷展栏来实现。下面就以目标聚光灯为例，讲解灯光的属性是如何通过各种卷展栏的设置调整来完成的。选择配套素材中的项目5→5.1秋日沉思→"5.1.1m.max"文件，为其创建一盏目标聚光灯。在"创建"命令面板中单击"灯光"按钮，打开"灯光"创建面板。在下拉列表框中选择"标准"灯光类型，在"对象类型"卷展栏中单击"目标聚光灯"按钮，在前视图中需要定义目标聚光灯的光源地点，即光源照射的发出点，单击鼠标左键并拖动，确定光源照射的角度范围，当拖动到目标物体上时，释放鼠标完成目标聚光灯的创建，这时光的照射示意图就出现在了视图窗口中，效果如图5-3所示。

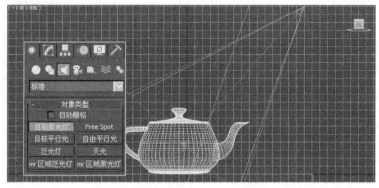

图 5-3

要进一步调整灯光的属性，就要在保持当前灯光的选择状态下或打开"修改"命令面板，通过"目标聚光灯"的各卷展栏来设置。"目标聚光灯"包括"常规参数"卷展栏、"强度/颜色/衰减"卷展栏、"聚光灯参数"卷展栏、"高级效果"卷展栏、"阴影参数"卷展栏和"阴影贴图参数"卷展栏，单击各卷展栏前面的加号可以将其展开。

提示

刚创建目标聚光灯后，并不像预料的一样整个场景变得更加明亮了，而是场景中突然变暗了，这是因为在默认的情况下，3ds Max 2012提供了默认的光源，以便观察到设计者所创建的对象。当设计者创建了灯光对象时，3ds Max 2012就会认为设计者将自己设计灯光，因此系统提供的默认光源关闭，场景因而变暗。

1）"常规参数"卷展栏，包括"灯光类型"和"阴影"两个选项区，如图5-4所示。

① "灯光类型"选项区介绍如下。

a）启用：这是灯光的开关，当勾选该复选框时，场景中的光线对场景中的对象产生作用。当取消勾选该复选框时，灯光仍然保留在场景中，但是灯光将不再对场景中的对象产生任何影响，系统默认的灯光也不会开启。

b）目标：这实际是指光源到目标对象的距离，其后面显示的数值即是从聚光灯到对象的距离。这是一个只读的属性，要调节该距离，可通过在视图中移动聚光灯来改变该值，也可取消勾选"目标"复选框，在其后显示的数值框中输入数值。

② "阴影"选项区介绍如下。

a）启用：该复选框用于显示或消除阴影。

b）使用全局设置：该复选框常被用来操作要使用相同设置的灯光，如设置一排街灯。

图 5-4

c）阴影贴图：使用贴图的方法计算阴影，而不是采用光线追踪方法。贴图方法是从灯光投影一幅贴图到场景中，并计算投射的阴影。使用阴影贴图方法时，在下方的下拉列表框中选择"阴影贴图"选项即可。

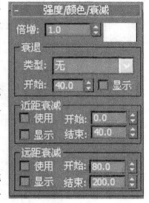

图 5-5

d）排除：在每创建一个灯光时，3ds Max 2012都默认为灯光对所有的对象有效。单击该按钮，在打开的对话框中可以将一个对象从光的影响中排除或包含进来。

2）"强度/颜色/衰减"卷展栏，如图5-5所示。

a）倍增：用来调节光源的强度，当倍增值为1时是正常的光强，当倍增值在0～1之间时会减小光的强度，当倍增值大于1时能够增大光的强度。倍增值也可以设置为负数值，这时将使光源的效果相反，光源不是"喷射"光线，而是"吸收"光线，在光源作用的范围之内，场景中和光源颜色相同的光将被删去，而不是照亮场景。在3ds Max 2012中，一般通过调整灯光的"倍增"数值来改变其亮度、灯光颜色和色温。3ds Max 2012默认的灯光颜色是纯白色，但很多场景中需要使用其他颜色的灯光效果。例如，太阳光为暖色调光线，颜色为黄白色，普通电灯泡产生的灯光为橘黄色。

b）颜色块：该颜色块决定了光的颜色和强度，单击它可以设置光的RGB值或HSV值。

c）衰退：为模拟真实灯光而进行的衰减设置。在"类型"下拉列表框中包括以下3个选项。选择"无"选项，表示不使用自然衰减，灯光的衰减设置完全由近距离衰减和远距离衰减中的属性来控制。选择"倒数"选项可使灯光的强度与距离成反比例关系变化。选择"平方反比"选项表示灯光强度与灯光的距离成反比例平方关系，这是真实世界的灯光衰减方式。比较看来，反比例衰减比反比例平方的衰减要自然得多，而采用反比例平方的衰减使灯光过于局限化，所以通常都采用反比例衰减方式。

d）近距衰减：其中"使用"表明被选择的灯光是否使用它被指定的范围，如果勾选该复选框，灯光周围的圆圈表明了灯光开始和结束的范围区域；"显示"表明灯光开始和结束范围区域的圆圈在灯光没有被选择时是不可见的，勾选此复选框，则表示灯光开始和结束范围区域的圆圈在没有被选择时也可以看到；"开始"参数对于近距衰减，定义不发生衰减的内圈范围，对于远距衰减，定义开始发生衰减的内圈范围；"结束"参数对于近距衰减，定义不发生衰减的外圈范围，对于远距衰减，定义发生衰减的外圈范围。在开始和结束范围内灯光强度按线性变化。由于远距衰减中的各项作用相同于近距衰减，故这里不再赘述。

提示

在点着蜡烛的房间内，距离蜡烛越近的地方，烛光的亮度越强：远离蜡烛的地方，烛光会变得很微弱，这就是烛光的衰减效果。对于一般的灯光，亮度都是有衰减的，如果场景中没有适当的衰减变化，则场景会显得不真实。特别是在阴天或雾天的环境中，灯光的衰减更为严重，但如果要模拟阳光照射，则可以忽略它的衰减。

3）"聚光灯参数"卷展栏，如图5-6所示。

a）显示光锥：在视图中，聚光灯被选择时会显示以蓝色和浅蓝色为边框的锥形，该区域表示光线的最大光强区域和衰减区域。如果取消勾选"显示光锥"复选框，则当灯光没有被选择时，这个锥形区域将不再出现；如果勾选"显示光锥"复选框，则无论灯光是否被选择，锥形区域都出现在视图中。

b）泛光化：当勾选"泛光化"复选框时，光线能够照亮所有的方向。但是只有在锥形框中投影的对象才有阴影，在锥形框之外的对象虽然能被光线照射到，但是在对象背后没有阴影。

c）聚光区/光束：这是以角度表示的一个值，它以光源为顶点，形成一个张角为光束的圆锥体。在该圆锥体区域包含范围内的光线具有最大的光强。"聚光区/光束"的值要比下面提到的"衰减区/区域"的值要小。

d）衰减区/区域：这也是一个以角度表示的值，它是围绕光源的假想球体的一部分。聚光灯喷射出来的光线在聚光控制的区域内光强最大，衰减控制区域在聚光控制区域的外围，光强在衰减控制区域内由最强逐步衰减到0，因此当衰减区的值远远大于聚光区的值时，光线将会有一个比较柔和的边缘。

e）"圆"单选按钮和"矩形"单选按钮：设置光线锥体的形状。一般使用"圆"，如果选中"矩形"单选按钮，则可将光锥的形状设置为矩形。图5-7所示分别为使用"圆"光线锥体与"矩形"光线锥体得到的效果。

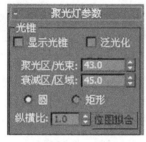

图 5-6

图 5-7

f）纵横比：当光线锥体选择"矩形"锥体投影方式时，该数值框将被激活，调节此值，改变的是矩形的长宽比。

g）位图拟合：当选中"矩形"单选按钮时，单击"位图拟合"按钮，则可以从弹出的对话框中选择一张位图图片。这时矩形的长宽比将自动匹配这个确定的位图。注意，选择的这张位图并不是投影贴图。

4）"高级效果"卷展栏，如图5-8所示。

图 5-8

a）对比度：该值可以在0～100之间变化，它用于调节光在最强和最弱的区域之间的对比度。一般地，当光垂直照射在物体表面时，该表面是明亮的，如果表面发生偏转，则光将变成倾斜照射，接收到的光较弱。对比度的值越大，得到的光越强、越刺眼；对比度的值越小，则光线越弱、越柔和。图5-9所示分别为"对比度"为20和100时的效果。

b）柔化漫反射边：这也是一个可以从0～100变化的属性值，它影响的是散射光和环境光之间的光线柔和度。该值越大，则散射光和环境光之间的过渡越柔和；该值如果过低，则可能使散射光和环境光之间的过渡显得生硬；增加该值，可以轻微地减少整个光线的亮度，不过一般影响并不是很大。

c）漫反射：当勾选"漫反射"复选框时，散射光照射区域受到灯光效果的影响，而高亮区域并不受到灯光的影响。显然，设置灯光时都希望散射光照射区域要受到灯光效果的影响，因此在默认情况下该复选框处于勾选状态。

d）高光反射：当勾选"高光反射"复选框时，高亮区域受到灯光效果的影响。在默认情况下该复选框处于勾选状态，用户可以根据需要决定是否勾选该复选框。

e）仅环境光：勾选"仅环境光"复选框，阴影区域将受到灯光效果影响。在默认情况下该复选框处于取消勾选状态，用户可以根据需要决定是否勾选该复选框。

f）贴图：该复选框是贴图的开关，只有开启这个开关，才能进行投影贴图。选择一张花的位图，这张图片就被投影到对象上，效果就像在太阳的照射下花的投影，如图5-10所示。

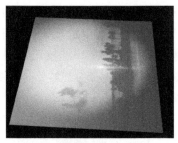

图　5-9　　　　　　　　　　　　　　　　　　图　5-10

5）"阴影参数"卷展栏，如图5-11所示。在该展卷栏中可以设置阴影图片，使对象的阴影部分被图片所代替。

在"对象阴影"选项区中勾选"贴图"复选框，单击其右侧的"无"按钮，在打开的"材质/贴图浏览器"对话框中选择"位图"选项，单击"确定"按钮，在打开的"选择位图图像文件"对话框中选择一张图片文件，单击"打开"按钮。渲染透视视图，观察阴影贴图的效果，可以看到这张图片覆盖了对象的阴影部分，如图5-12所示。

图　5-11　　　　　　　　　　　　　　　　图　5-12

提示　　阴影贴图与上面讲到的投影贴图不同，前者是将贴图投影在对象上，而后者是将对象的阴影部分用贴图代替，而对象上面没有图片。两者截然不同，初学者需注意。

6)"阴影贴图参数"卷展栏,如图5-13所示。

a)偏移:设置投影的偏移,此项功能用于使用阴影产生一点偏向或偏离对象的位移。这项功能在当投影对象的设置是相对于接受阴影的对象时应该特别注意,如桌子上的茶壶阴影设置。低的偏移值将使阴影靠近投下阴影的对象,高的偏移值将使阴影远离对象物体。图5-14所示为偏移值分别为1.0和20时的投影效果。

图 5-13   图 5-14

b)大小:用阴影贴图方法计算出的投影尺寸大小,如果阴影不够明显,可以考虑增加大小值以提高阴影的效果。注意,提高大小值的同时也会增加渲染的时间。图5-15所示是将偏移值设置为0,再分别将大小值设为100和1000时,阴影贴图的效果对比。

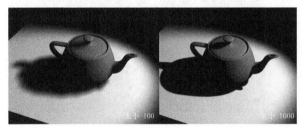

图 5-15

c)采样范围:该值决定着阴影范围采样的次数,采样的次数越少,则产生的阴影越柔和;采样的次数越多,将产生比较尖锐的阴影。增加采样的次数,则计算机运算次数会相应增加,因而渲染的时间也会变长。

d)绝对贴图偏移:这是一个用于动画制作的参数。在动画渲染过程中,由于在每一帧中都要重复计算贴图偏移,因此使得阴影边有时会比较模糊。勾选该复选框,能够把它变成贴图偏移的静态计算,这样在动画渲染过程中将不会出现上述情况。

🔍 任务实施

秋日沉思效果的实现步骤如下:

1)选择配套素材中的项目5→5.1秋日沉思→"5.1.2m.max"文件,默认渲染效果如图5-16所示。

2)创建聚光灯。在"创建"命令面板中单击"灯光"按钮,打开"灯光"创建面板。在下拉列表框中选择"标准"灯光类型,单击"目标聚光灯"按钮,在前视图中需要定义目标聚光灯的光源地点,单击鼠标左键并拖动,渲染效果如图5-17所示。

图 5-16 图 5-17

3）启用阴影。观察现在的效果，虽然画面当中出现了明暗变化效果，但与现实场景中的阴影效果有明显差异，还需要进一步进行参数设置。在"常用参数"卷展栏的"阴影"选项区中勾选"启用"复选框，效果如图5-18所示。

图 5-18

4）创建泛光灯。接下来在顶视图中创建一盏泛光灯，位置如图5-19所示，将场景中未被聚光灯照射的部分照亮。然后，调整泛光灯的"阴影参数"卷展栏中的"密度"为0.9，效果如图5-20所示。

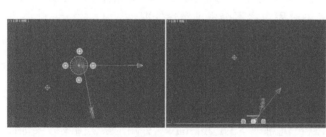

图 5-19 图 5-20

5）投影贴图。在聚光灯的"高级效果"卷展栏中，在"投影贴图"选项区中勾选"贴图"复选框，并在右侧选择"位图贴图"方式，指定配套素材中提供的"树.jpg"贴图，这样整个场景就产生了一种真实感，最终渲染效果如图5-21所示。

图   5-21

任务2   制作清晨餐桌

任务分析

本任务围绕清晨餐桌场景展开，学习灯光的布光原则。在训练中配合目标平行光灯和泛光灯的综合运用掌握三点照明法，提高小场景布置灯光的技能。

任务目标

学习如何创设目标平行光灯和泛光灯；了解三点照明法；掌握布置灯光原则；完成任务训练清晨餐桌。

任务热身

在3ds Max 2012的场景中布光，并没有一成不变的标准，因为每个场景的物体布局和要表现的环境氛围都是不一样的，所以需要结合具体的场景来灵活设计满意的灯光效果。但是对于初学者来说，还是有一些规律可循的，在3ds Max 2012的场景中布光主要有以下3个方面的原则。

一是主光源，它解决场景中的主要对象照明问题；二是辅助光，它对主光源产生的照明区域进行柔化和延伸；三是背光，它照亮场景中的主要物体边缘，使其与背景分开。

这种在场景主体周围3个位置上分别布置"主光源""辅助光"和"背光"（有时视场景需要，还可增加补光、背景光等光源），从而获得良好光影效果的方法，就是三点照明法。下面就练习3ds Max 2012中比较常用的三点照明法。

任务实施

清晨餐桌效果的实现步骤如下：

1）选择配套素材中的项目5→5.1秋日沉思→"5.2.1.max"文件，默认渲染效果如图5-22所示。

2）创建主光源。主光源是场景中最基本的光源，用来照亮场景中的主要对象及周围区域，并且给主体对象投射阴影，通常情况下是场景中最亮且唯一打开阴影功能的灯光。主光源一般位于摄像机的旁边，并偏离15°～45°，高于摄像机。根据不同的环境要求，主光源的位置设置也可以有其他的变化。在场景中创建一盏"目标平行光"，作为主光源，位置如图5-23所示。

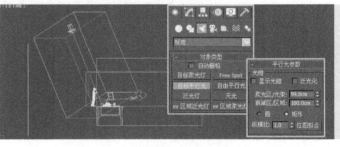

图 5-22   图 5-23

适当调整"目标平行光"的参数并渲染场景。由于这里选用灯光的阴影类型为"默认阴影贴图"，因此灯光不能穿透玻璃材质。在"常规参数"卷展栏的"阴影"选项区中，在下拉列表框中选择"光线跟踪阴影"选项，如图5-24所示，渲染效果如图5-25所示。

图 5-24   图 5-25

观察图5-22和图5-25，它们分别为默认的照明效果与加入主光源后的照明效果。可见，使用默认的一盏灯照明，场景显得很平淡，没有层次感，而加入主光源后，照亮了场景中的主要物体，但是使得场景明暗对比过于强烈，缺乏真实感，需要再创建一个辅助光源。

3）创建辅助光。辅助光对主光源产生的照明区域进行柔化和延伸，并且使更多的物体提高亮度并显现出来。辅助光可以用来模拟来自天空的光源（除了阳光以外）或场景中的反射光，也可以是第二光源，如台灯等。因为辅助光拥有上述功能，所以可以在场景中添加多个辅助光。辅助光一般使用聚光灯，也可以使用泛光灯，但注意不要在场景中使用过多的泛光灯，那样会导致场景丧失层次感。在上面的场景中继续添加一盏"泛光灯"，作为场景的辅助光源。在顶视图中相对于主光源的另一侧，比主光源略低处添加辅助光，如

图5-26所示。

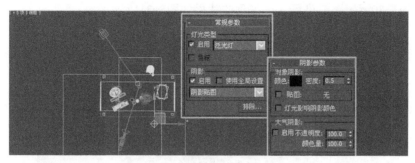

图 5-26

设置辅助光的亮度应该低于主光源，并且设置它的颜色为希望获得的环境色，在"强度/颜色/衰减"卷展栏中，单击"颜色块"调整灯光颜色，同时将"阴影参数"卷展栏中的"密度"设为0.5，详细设置如图5-26所示，渲染场景效果如图5-27所示。

图 5-27

可以看到加入辅助光源后，场景的照明效果改善很多，但场景的层次感还不是很好，下面通过加入背光灯以改善效果。

4）创建背光。背光的作用是照亮场景中的主要物体边缘，使其与背景分开，以增加主体的深度感和立体感。在视图中添加一盏"泛光灯"作为背光，将其置于物体之后，摄像机的对面。在左视图中将背光放置于高于物体的位置处，具体参数设置如图5-28所示。

图 5-28

因为使用的是"阴影贴图"，所以需要在灯光的"常规参数"卷展栏中单击"排除"按钮，在打开的"排除/包含"对话框中将玻璃排除，以便灯光能正常照射到玻璃后的物体上，同时能产生出类似天光产生的柔和阴影，方法如图5-29所示。然后复制"泛光灯"，设置位置如图5-30所示。渲染场景，得到的效果如图5-31所示

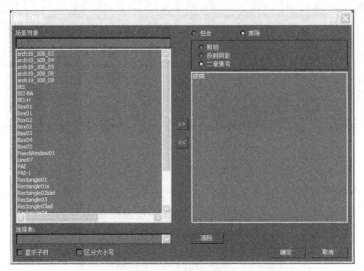

图 5-29

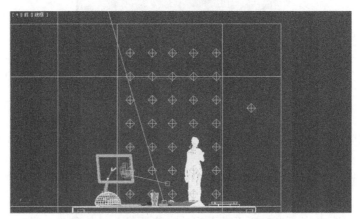

图 5-30

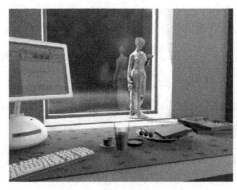

图 5-31

现在可以看到主要物体的边界更为明显，可以更好地从背景中分离出来。

提示　　根据场景的需要，有时还可以添加一些辅助灯光，对于一些大的场景，可以把场景分成一些小区域，并在每个区域内使用三点照明法。但是不应该拘泥于上面的形式，即使是三点照明法也不是一成不变的，应当尝试在场景中使用自由的照明方式。如何把握一个场景中需要的灯光效果，并通过设置将其表现出来，需要对灯光环境长期观察并不断积累经验。

任务3　制作浪漫烛光

 任 务 分 析

VRay灯光的用途非常广泛，是效果图制作中必不可少的灯光工具。本任务将详细介绍VRay灯光的功能特点，通过任务训练学习如何应用VRay灯光，重点掌握VRay面光源和VRay球体光源的使用技巧。

 任 务 目 标

认识VRay灯光；学习如何使用VRay灯光；掌握VRay面光源和VRay球体光源的创建和调整方法；完成任务。

 任 务 热 身

安装好VRay渲染器后，在"灯光"创建面板中就可以选择VRay光源。VRay灯光包含4种类型，分别是"VR灯光""VRayIES""VR环境光"和"VR太阳"，如图5-32所示。

图　5-32

提示　　本任务着重讲解"VR灯光"和"VR太阳"，另外两种灯光在实际工作中不常使用。

VRay光源主要用来模拟室内光源，是效果图制作中使用频率最高的一种灯光，其参数设置面板如图5-33所示。

 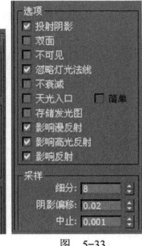 

图　5-33

（1）"常规"选项区

1）开：控制是否开启VRay光源。

2）排除：用来排除灯光对物体的影响。

3）类型：设置VRay光源的类型，有"平面""穿顶""球
体"和"网格"4种类型，如图5-34所示。

平面——将VRay光源设置成平面形状。

穿顶——将VRay光源设置成边界盒形。

球体——将VRay光源设置成穿顶状，类似于3ds Max的天光，
光线来自于位于光源Z轴的半球体状圆顶。

图　5-34

网格——这种灯光是一种以网格为基础的灯光。

提示　　　"平面""穿顶""球体"和"网格"灯光的形状各不相同，因此它们可以运
用在不同的场景中。

（2）"强度"选项区

1）单位：指定VRay光源的发光单位，有"默认（图像）""光通量（1m）""发光强
度（1m/m2/sr）""辐射量（W）"和"辐射强度（W/m2/sr）"5种。

默认（图像）——默认单位，依靠灯光的颜色和亮度来控制灯光的最后强弱，如果忽
略曝光类型的因素，灯光色彩将是物体表面受光的最终色彩。

光通量（1m）——当选择这个单位时，灯光的亮度将与灯光的大小无关（100W的亮度
大约等于15001m）。

发光强度（1m/m2/sr）：当选择这个单位时，灯光的亮度与它的大小有关系。

辐射量（W）：当选择这个单位时，灯光的亮度与灯光的大小无关。注意，这里的瓦特和物理上的瓦特不一样，如这里的100W大约等于物理上的2～3W。

辐射强度（W/m2/sr）：当选择这个单位时，灯光的亮度与它的大小有关系。

2）倍增器：设置VRay光源的强度。

3）模式：设置VRay光源的颜色模式，有"颜色"和"色温"两种。

颜色——指定灯光的颜色

色温——以色温模式来设置VRay光源的颜色。

（3）"大小"选项区

1）1/2长：设置灯光的长度。

2）1/2宽：设置灯光的宽度。

3）U/V/W向尺寸：当前这个参数还没有被激活（即不能使用）。另外，这3个参数会随着VRay光源类型的改变而发生变化。

（4）"选项"选项区

1）投射阴影：控制是否对物体的光产生阴影。

2）双面：用来控制是否让灯光的双面都产生照明效果（当灯光类型设置为"平面"时有效，其他灯光类型无效）。

3）不可见：这个选项用来控制最终渲染时是否显示VRay光源的形状。

4）忽略灯光法线：这个选项控制灯光的发射是否按照光源的法线进行发射。

5）不衰减：在物理世界中，所有的光线都是有衰减的。如果勾选此复选框，则VRay将不计算灯光的衰减效果。

提示　　在真实世界中，光线亮度会随着距离的增大而不断变暗，也就是说，远离光源的物体的表面会比靠近光源的物体的表面更暗。

6）天光入口：这个选项是把VRay灯光转换为天光，这时的VRay光源就变成了"间接照明（GI）"，失去了直接照明。当勾选此复选框时，"投射阴影""双面""不可见"等参数将不可用，这些参数将被VRay的天光参数所取代。

7）储存发光图：勾选此复选框，同时将"间接照明（GI）"里的"首次反弹"引擎设置为"发光贴图"，VRay光源的光照信息将保存在"发光贴图"中。在渲染光子的时候将变得更慢，但是在渲染出图时，渲染速度会提高很多。当渲染完光子的时候，可以关闭或删除这个VRay光源，它对最后的渲染效果没有影响，因为它的光照信息已经保存在了"发光贴图"中。

8）影响漫反射：该选项决定灯光是否影响物体材质属性的漫反射。

9）影响高光反射：该选项决定灯光是否影响物体材质属性的高光。

10）影响反射：勾选此复选框时，灯光将对物体的反射区进行照射，物体可以将光源进行反射。

（5）"采样"选项区

1）细分：这个参数控制VRay光源的采样细分。当设置比较低的值时，会增加阴影区域的杂点，但是渲染速度比较快；当设置比较高的值时，会减少阴影区域的杂点，但会减慢渲染速度。

2）阴影偏移：这个参数用来控制物体与阴影的偏移距离，较高的值会使阴影向灯光的方向偏移。

3）中止：设置采样的最小数量值。

（6）"纹理"选项区

1）使用纹理：控制是否用纹理贴图作为半球光源。

2）None（无）：选择纹理贴图。

3）分辨率：设置纹理贴图的分辨率，最高为2048。

4）自适应：设置数值后，系统会自动调节纹理贴图的分辨率。

任务实施

浪漫烛光效果的实现步骤如下：

1）选择配套素材中的项目5→5.3浪漫烛光→"5.3.1m.max"文件，默认渲染效果如图5-35所示。

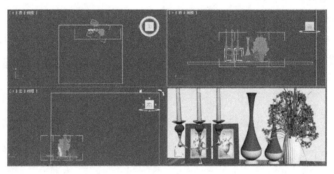

图 5-35

2）设置灯光类型为VRay灯光，然后在顶视图中创建3盏VRay光源，将其放置在蜡烛的火苗处，如图5-36所示。

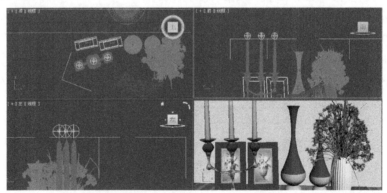

图 5-36

3）选择上一步创建的VRay光源，然后进入"修改"命令面板，接着展开"参数"卷展栏，具体参数设置如图5-37所示。

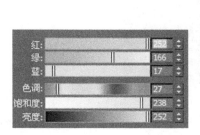

图 5-37

①在"常规"选项区中设置"类型"为"球体"。

②在"强度"选项区中设置"倍增器"为70，然后设置"颜色"为（红：252；绿：166；蓝：17）。

③在"大小"选项区中设置"半径"为660mm。

④在"选项"选项区中勾选"不可见"复选框。

⑤在"采样"选项区中设置"细分"为20。

4）继续在场景中创建一盏VRay光源，并将其放置在场景的上方，如图5-38所示。

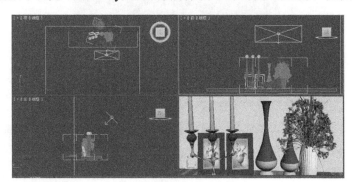

图 5-38

5）选择上一步创建的VRay光源，然后进入"修改"命令面板，接着展开"参数"卷展栏，具体参数设置如图5-39所示。

①在"常规"选项区中设置"类型"为"平面"。

②在"强度"选项区中设置"倍增器"为1.5，然后设置"颜色"为白色。

③在"大小"选项区中设置"1/2长"为11500mm、"1/2宽"为5590mm。

④在"选项"选项区中勾选"不可见"复选框。

⑤在"采样"选项区中设置"细分"为16。

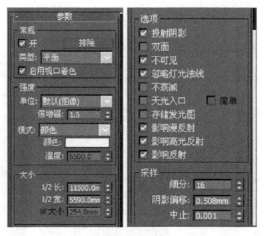

图 5-39

6）按〈C〉键切换到摄像机视图，然后按〈F9〉键渲染当前场景，最终效果如图5-40所示。

图 5-40

项目总结

一个好的作品，包含了对造型、材质和灯光等因素的综合考虑。不同的场景，不同的表现效果，对灯光的要求也是不同的，灯光宜精不宜多，过多的灯光会使场景变得杂乱无章，影响显示和渲染速度。例如，要模拟烛光的照射与投射效果，就要在蜡烛灯芯的位置放置光源，灯光要体现场景的明暗分布，要有层次，切不可把所有灯光一概处理。布光时应该遵循由主体到局部，由简到繁的过程，总之只要多实践、敢于实践，掌握用光的精髓就指日可待了。

项目 6
摄像机技术实战

项目概述

　　摄像机是三维创作软件最强有力的工具之一，通常是一个场景中不可缺少的部分，它的作用和操作同实际的照相机类似，但是功能比实际的摄像机强大。本项目将详细学习3ds Max摄像机的运用技术，通过任务训练真正掌握摄像机的使用技能。

任务　使用多功能摄像机

任务分析

　　本任务围绕如何完成多功能的摄像机任务展开，从了解3ds Max摄像机的特点与类型开始，到学习如何使用标准摄像机与VRay摄像机，掌握摄像机的各种主要技术，最终在任务中灵活地运用摄像机为各种场景服务。

任务目标

　　认识摄像机的特征；学习如何架设摄像机；掌握标准摄像机与VRay摄像机的使用方法；了解摄像机景深知识；使用摄像机的多种功能技术完成实战任务训练。

任务热身

　　3ds Max中的摄像机对象与现实生活中见到的摄像机相似，同样具有焦距、景深、视角以及透视变形等镜头的光学特性，但是3ds Max中的摄像机可以快速地更换镜头，而且具有无级变焦功能，这些是真实摄像机无法比拟的。摄像机对象不但可以模拟现实世界中的静止图像，还可以被创建成摄像机的视频动画。使用摄像机还可以设置景深模糊和运动模糊效果。图6-1所示为在场景中设置摄像机和通过摄像机渲染之后的图像效果。

图　6-1

1. 摄像机的特征

在对摄像机对象介绍之前，先来了解摄像机对象的一些特征。摄像机包括"焦距"和"视角"，如图6-2所示。

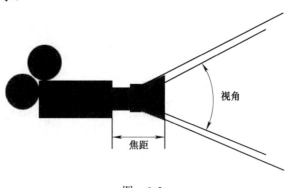

图　6-2

1）焦距是镜头与感光表面间的距离。焦距影响场景中对象的清晰度以及所包含对象的数量，焦距越短，画面中能够包含的场景范围越大，对象就越模糊；焦距越长，包含的场景越少，但能够更清晰地表现远处场景的细节。焦距始终是以毫米（mm）为单位进行测量的，50mm镜头通常是摄影的标准镜头，焦距小于50mm的镜头称为广角镜头，焦距大于50mm的镜头称为长焦镜头。

2）视角用来控制场景中可见范围的大小，摄像机的视角直接与镜头的焦距有关，如50mm的镜头显示水平线为46°。镜头越长，视角越窄；镜头越短，视角越宽。短焦距（宽视角）会加剧透视的失真，而长焦距（窄视角）能够降低透视失真。50mm的镜头最接近肉眼所看到的内容，其产生的效果比较正常，被广泛地用于快照、新闻图片以及电影制作等，如图6-3所示。

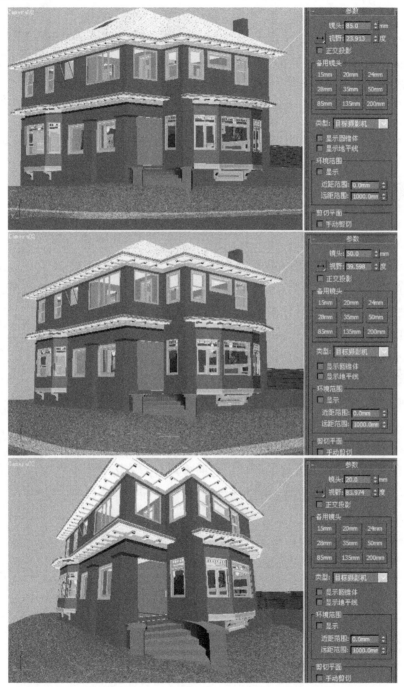

图 6-3

2. 摄像机的类型与创设

3ds Max中的摄像机只包含"标准"摄像机，安装好VRay渲染器后，摄像机列表中又会增加一种VRay摄像机。

（1）3ds Max标准摄像机

在3ds Max 2012中的标准摄像机类型中，为用户提供了两种摄像机对象，分别为"目标摄像机"和"自由摄像机"。单击"创建"命令面板上的摄像机按钮，即可进入摄像机的创建面板，如图6-4所示。选中透视视图，按〈C〉键将其切换到摄像机Camera01视图。

图 6-4

摄像机的类型和灯光的类型一样，也分为目标式和自由式，如图6-5（目标式）和图6-6（自由式）所示。

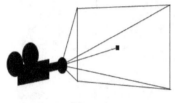

图 6-5

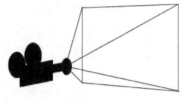

图 6-6

1）目标摄像机。目标摄像机包含摄像机和目标点，一般把摄像机所处的位置称为观察点，将目标称为视点。目标摄像机比自由摄像机更易于控制，用户可以独立对摄像机和目标点进行调整，也可以同时选择摄像机和目标点进行调整。用户还可以分别对摄像机和目标点设置不同的动画，从而产生各种有趣的效果，当为摄像机和它的目标点设置动画时，最好先将它们都链接到一个虚拟对象上，然后再对虚拟对象进行动画设置。

2）自由摄像机。自由摄像机用于观察所指方向内的场景内容，多用于轨迹动画的制作，如穿行建筑物、车辆移动中的跟踪拍摄等动画效果。自由摄像机如果设置了动画，它的方向会随着运动路径的变化而变化。因为自由摄像机没有目标点，所以只能依靠旋转工具对其观察方向进行调整。

3）设置摄像机。当用户在场景中创建了一台摄像机对象后，进入"修改"命令面板中即可看到有关摄像机的创建参数，如图6-7所示。

图 6-7

提示　由于目标摄像机与自由摄像机的创建参数基本相同，因此在这里将统一进行介绍。

① 镜头：用于设置摄像机的焦距长度，镜头参数与下方的视野参数相关联，修改一个参数，另一个参数也会随之改变。

② 视野：该参数用于控制摄像机的视角。也可以通过单击参数栏前面的下拉按钮沿着水平、垂直和对角方向调整视角。

③ 正交投影：勾选该复选框后，会删除摄像机的透视效果。另外，摄像机控制栏中的透视按钮的操作结果也不会显示在摄像机视图中。

④ 备用镜头：在预设镜头列表中提供了9种常用的镜头类型，可以参通过单击按钮快速进行选择。

⑤ 显示圆锥体：勾选该复选框后，在视图中会显示出表示摄像机拍摄视野的锥形框。

⑥ 显示地平线：勾选该复选框后，在摄像机视图中会显示一条代表地平线的黑色线条，在制作室外场景中可以借用地平线定位摄像机的观察角度。

⑦ 环境范围：如果场景中添加了环境范围，则可以通过调整产生大气环境的起点位置，近距范围参数用于设置产生大气环境的起点位置，远距范围参数用于设置产生大气环境的终点位置。勾选此复选框后可以直接在视图中查看调整的结果。

⑧ 手动剪切：勾选该复选框后，在摄像机图标上会显示出红色的剪切面。通过调整下方的"近距剪切"和"远距剪切"参数可以将场景中的一些几何体在视图显示中删除，这样就可以透过一些遮挡的物体看到场景内部的情况。

⑨ 近距剪切：设置剪切面的起点位置。

⑩ 远距剪切：设置剪切面的终点位置，位于剪切面的起点和终点范围以外的场景将不会显示在摄像机视图中。

（2）VRay物理摄像机

在VRay摄像机类型中，又包含"VRay物理摄像机"和"VRay穿顶摄像机"两种。其中，VRay物理摄像机使用频率较高，它相当于一台真实的摄像机，有光圈、快门、曝光、ISO等调节功能。它可以对场景进行"拍照"。

进入摄像机的创建面板，在下拉列表中选择"VRay"选项，单击"VRay物理摄像机"按钮，即可在场景中拖曳鼠标创建一台VRay物理摄像机，如图6-8所示。

VRay物理摄像机的参数包含5个卷展栏，如图6-9所示。

图 6-8

图 6-9

3. 景深

3ds Max 2012中的摄像机不但可以拍摄场景，还可以模拟景深和运动模糊效果。3ds Max 2012提供了多种制作景深的方法，各种方法的工作原理完全不同。摄像机的多重滤镜景深是通过在摄像机与焦点的距离上产生模糊来模拟景深效果，它的工作原理就是让摄像机在原地振动，摄像机每振动一次叫作一个周期。然后将多次振动所拍摄的一连串图像进行重叠，从而得到最好的效果。

（1）景深概念

景深是摄影术语，当镜头的焦距调整在聚焦点上时，只有唯一的点会在焦点上形成清晰的影像，而其他部分形成模糊的影像，在焦点前后出现的清晰区就是景深。

（2）开启景深

开启摄像机景深效果的步骤如下：在场景中创建一架任意类型的摄像机，选中摄像机后进入"修改"命令面板，然后展开"参数"卷展栏。在"多过程效果"选项区中勾选"启用"复选框，然后在下拉列表框中选择"景深"选项，如图6-10所示。景深参数介绍如下。

1）使用目标距离：勾选此复选框后，可以将摄像

图 6-10

机的目标点设置在焦点位置。取消勾选后，可以使用下方的参数控制焦点的位置。对于目标摄像机可以直接使用移动工具控制目标点的位置，对于自由摄像机可以在选项区中通过设置参数控制目标点的位置。

2）显示过程：勾选此复选框后，渲染时在虚拟帧缓存器中会显示多重滤镜渲染的过程。

3）使用初始位置：勾选该复选框后，会在摄像机的当前位置开始渲染第一个周期。

4）过程总数：周期也可以理解为渲染的次数，增加周期参数可以得到准确的景深效果，但是也会增加渲染的时间。

5）采样半径：该参数用于设置每个周期偏移的半径，增加数值可以增强整体模糊效果。

6）采样偏移：用于设置模糊与采样半径的距离，增加数值会得到规律的模糊效果。

7）规格化权重：使周期通过随机的权重值进行混合，勾选此复选框后可以得到更加平滑的模糊效果。

8）抖动强度：设置周期的抖动强度，抖动是通过混合不同的颜色和像素来得到最终的图像。增大参数会使抖动更加强烈，从而产生颗粒化的效果。

9）平铺大小：以百分比来计算抖动中图案的重复次数。

10）禁用过滤：勾选该复选框后将使渲染设置窗口中的滤镜设置失效，这样会以牺牲图像品质为代价加快渲染速度，通常在测试渲染时使用。

11）禁用抗锯齿：勾选该复选框后使渲染设置窗口中的抗锯齿设置失效。

任务实施

1. 松花湖度假村训练步骤

1）执行"文件"→"打开"命令，打开配套素材中的项目6→6.1度假村→"6.1m.

max"文件，如图6-11所示。

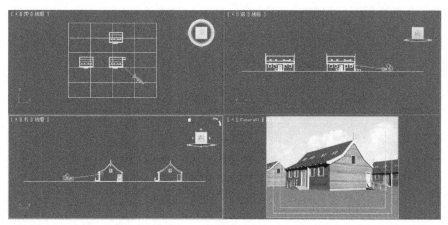

图 6-11

2）在场景中选择创建好的"目标摄像机"对象，然后进入"修改"命令面板，通过"参数"卷展栏中的"镜头"参数可以设置摄像机的焦距长度。图6-12所示为设置不同"镜头"参数时，摄像机视图中所含的场景。

图 6-12

> 提示
>
> 如果在"渲染场景"对话框中改变了"光圈宽度"的值，则同样也改变了"镜头"的值，这样做虽然不会给摄像机中的图像带来什么影响，但实际上已经改变了焦距和视角之间的关系，也改变了摄像机锥形框的纵横比。

3）"视野方向"弹出按钮 ↔ ↕ ⟋ 是扩展命令按钮，保持鼠标左键为按下状态，会弹出其他扩展命令按钮，这些按钮用来控制视野角度值的显示方式，包括水平、垂直和对角3种。通过调整"视野方向"按钮右侧的"视野"参数，可以设置摄像机的视角，以改变摄像机查看区域的大小。图6-13所示为"视野"参数为50°时，摄像机所观察的场景效果。

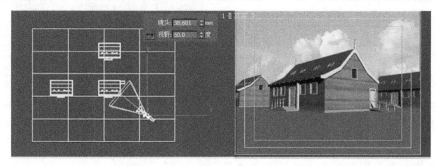

图 6-13

4）勾选"正交投影"复选框后，摄像机视图看起来就像"用户"视图一样；取消勾选该复选框后，摄像机视图好像透视视图一样，如图6-14所示。

图　6-14

提示
　当"正交投影"起作用时，所有视图工具都不受影响，只有"视图"按钮的功能会有所不同。透视工具依然可以移动摄像机并改变摄像机焦距，但不直接表现在视图中。

5）在"备用镜头"选项区中，为用户提供了9种常用的镜头，通过单击相应按钮可以快速选择某个镜头。图6-15所示分别为使用3种不同备用镜头的场景效果。

图　6-15

6）在"类型"下拉列表框中可以选择摄像机的类型，用户可通过在"目标摄像机"和"自由摄像机"之间切换，而无须重新创建。

7）勾选"显示圆锥体"复选框后，当摄像机没有被选择时，在视图中显示表示摄影范围的锥形框。除了摄像机视图外，锥形框能够显示在其他任何视图中。

8）勾选"显示地平线"复选框可在摄像机视图中显示地平线的位置。激活摄像机视图，然后按〈F3〉键使其线框显示，即可看到地平线在视图中的位置，如图6-16所示。

图　6-16

9）在"环境范围"选项区中可设置环境大气的影响范围。首先，读者可参照图6-17所示，在"环境和效果"面板中为场景添加"雾"的大气环境效果。

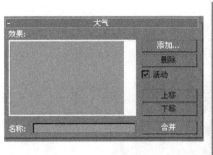

图 6-17

10）添加"雾"大气环境效果后，在"环境范围"选项区中勾选"显示"复选框，可在视图中看到近距、远距范围框的显示位置。保持"近距范围"和"远距范围"参数的默认设置，对场景进行渲染，观察雾的效果，如图6-18所示。

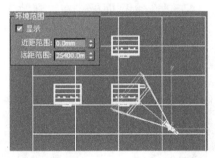

图 6-18

提示

由于图6-18中所设置的"近距范围"的数值为默认的0，因此在视图中看不到近距范围框的位置。

11）更改"近距范围"和"远距范围"参数，扩大环境影响的近距距离和远距距离，再次对场景进行渲染，效果如图6-19所示。

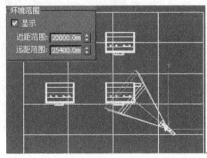

图 6-19

2．手动剪切效果训练步骤

剪切平面是平行于摄像机镜头的平面，以红色带交叉的矩形表示。剪切平面可以去除场景中的一些几何体，只查看或渲染场景的某些部分。读者可通过下面的操作来学习"剪切平面"的使用方法。

1）执行"文件"→"打开"命令，打开配套素材中的项目6→6.2剪切平面→"6.2.max"文件。图6-20所示分别为场景中摄像机的状态和渲染场景后的效果。

图 6-20

2）选择场景中的摄像机对象，然后进入"修改"命令面板，在"参数"卷展栏中的"剪切平面"选项区中勾选"手动剪切"复选框，然后对"近距剪切"和"远距剪切"参数进行设置，接着对场景进行渲染，会发现比近距剪切平面近或比远距剪切平面远的对象是不可见的，如图6-21所示。

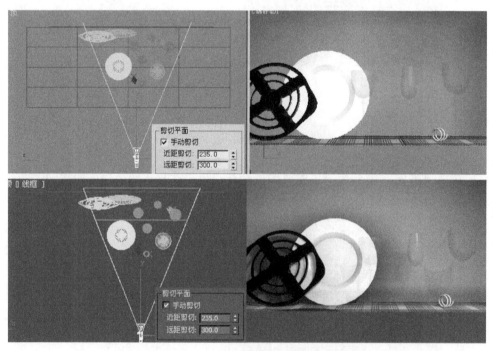

图 6-21

3）现在取消勾选"手动剪切"复选框，然后在"多过程效果"选项区中勾选"启用"复选框，这时将启用多过程效果，使其在场景中生效。单击"预览"按钮，在激活的摄像机视图中预览默认的景深效果。

提示

"多过程效果"用于指定摄像机的景深或运动模糊效果。它的模糊效果是通过同一帧图像的多次渲染计算并重叠结果产生的，会增加渲染的时间。景深和运动模糊效果是互相排斥的，由于它们都依赖于多渲染途径，因此不能对同一个摄像机对象同时指定两种效果。当场景同时需要两种效果时，应当为摄像机设置多过程景深，再将它与对象运动模糊相结合。

4）当场景中使用了"渲染效果"（在"效果"面板中设置）时，勾选"渲染每过程效果"复选框，"多过程效果"将在每次渲染计算时都进行"渲染效果"的处理，这样会影响速度，但效果比较真实；取消勾选"渲染每过程效果"复选框后，只对"多过程效果"计算完成后的图像进行"渲染效果"处理，这样有利于提高渲染速度。

5）对于自由摄像机来说，通过"目标距离"文本框可以设置一个不可见的目标点，使其可以围绕这个目标点进行运动。对于目标摄像机来说，这个选项用于设置摄像机与目标点之间的距离。

3. 景深效果训练步骤

3ds Max 9中有3种制作景深效果的方法，第1种方法是使用摄像机的多重滤镜景深功能；第2种是使用Mental ray的景深功能；第3种是在特效编辑器中添加景深特效。在本实例中分别使用这3种方法制作景深效果，以比较不同方法在品质和速度方面的区别。

（1）第1个方法

1）打开配套素材中的项目6→6.3景深→"6.3.max"文件。场景中包括了3个已经设置好材质的苹果模型和一个平面，并且创建了一盏天光灯为场景提供照明，如图6-22和图6-23所示。

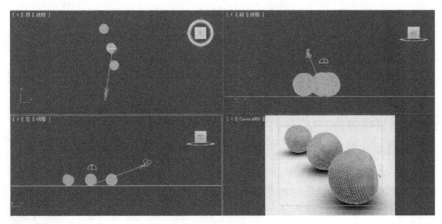

图 6-22

图 6-23

2）进入"创建"命令面板后单击摄像机/目标按钮，在视图中创建一架目标摄像机。注意，要将摄像机的目标点放置在左视图中的第2个苹果上。

3）激活透视图，按下〈C〉键将透视图切换为摄像机视图。接着按〈Shift+F〉快捷键打开安全框，参照图示调整好摄像机的观察角度。

4）利用摄像机的多重滤镜功能制作景深。选中摄像机，进入"修改"命令面板，在"多过程效果"选项区中勾选"启用"复选框，然后在下拉列表框中选择"景深"选项。展开景深参数卷展栏，修改"过程总数"为4、"采样半径"为4，"采样偏移"为0.5。修改后的效果如图6-24所示。

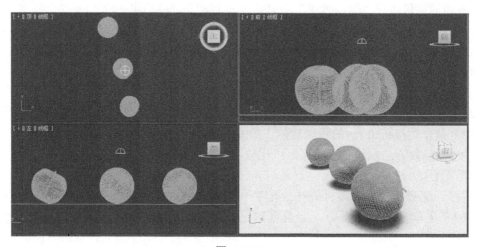

图　6-24

提示
　　3ds Max中提供了摄像机景深和运动模糊的视图预览功能，当参数设置完成后，单击"多过程效果"选项区中的"预览"按钮，摄像机视图经过一阵抖动后，就可以直接在视图中查看当前设置的景深效果。利用这项功能可以节省大量的测试渲染时间。

5）激活摄像机视图后，按〈F9〉键对摄像机视图进行快速渲染，查看景深效果，如图6-25所示。

（2）第2个方法

下面使用特效编辑器中的景深特效来制作景深效果。

1）执行"渲染"→"效果"命令，打开"环境和效果"窗口，单击"添加"按钮，在弹出的"添加效果"对话框中双击"景深"，如图6-26所示。返回"环境和效果"窗口，在"焦点"选项区中单击"拾取结点"按钮，

图　6-25

然后在视图中选择中间的苹果模型，在"焦点参数"选项区中设置"焦点范围"为50，"焦点限制"为100，如图6-27所示。

2）在"焦点参数"选项区中，"焦点范围"和"焦点限制"参数用于设置焦点的范围，"水平焦点损失"和"垂直焦点损失"参数用于设置景深的模糊程序。对摄像机视图进行渲染。"环境和效果"窗口中的景深特效渲染速度非常快，但在品质方面没有摄像机的景深效果好。

图　6-26　　　　　　　　　　　　　　图　6-27

（3）第3个方法

利用Mental ray提供的景深功能制作景深效果。选中摄像机，进入"修改"命令面板，在"多过程效果"选项区的下拉列表框中选择"景深"选项，然后记住目标距离的数值。展开景深参数卷展栏，设置"f制光圈"参数的值为0.2。"f制光圈"参数的数值越小，模糊效果就越强烈，如图6-28所示。

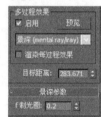

图　6-28

要想使用景深，必须将当前的渲染器指定为Mental ray。按〈F10〉键打开渲染设置窗口，在公用栏中展开指定渲染器卷展栏，单击产品级后面的指定渲染器按钮，在弹出的对话框中选择Mental ray 渲染器栏，然后展开摄像机效果卷展栏。在景深中勾选"启用"复选框，设置焦平面参数与摄像机的目标距离相同，设置f-stop参数为0.2。

提示

对摄像机视图进行渲染，Mental ray的景深效果最好，而且渲染速度适中；景深特效的渲染速度最快，但是渲染的品质较差；多过程效果的景深渲染品质一般，而且渲染速度非常慢。

4．运动模糊的训练步骤

"多过程运动模糊"是摄像机根据场景中对象的运动情况，将多个偏移渲染周期抖动结合在一起后所产生的模糊效果。与景深效果一样，运动模糊效果也可以显示在线框和实体视图中。下面通过一个简单的动画场景来学习"多过程运动模糊"的使用方法和技巧。

1）打开配套素材中的项目6→6.4运动模糊→"6.4.max"文件，选择场景中的摄像机对象，进入"修改"命令面板为其添加"多过程运动模糊"效果，如图6-29所示。

2）在时间线区域中，拖动时间滑块至第25帧的位置处，使飞行器正好到达摄像机视图的中间位置，激

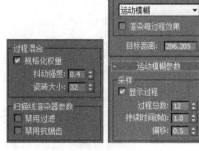

图　6-29

活摄像机视图,在该视图中预览运动模糊效果。

3)由于"运动模糊"效果中的大部分参数与"景深"效果中的作用相同,故不再重复介绍。通过"持续时间"参数可设置动画中运动模糊效果所应用的帧数,帧数越多,运动模糊所生成的重影越长,模糊效果越强烈。图6-30所示分别为设置不同的"持续时间"值时,渲染后的图像模糊效果。

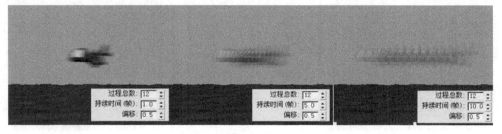

图 6-30

4)通过设置"偏移"值可定义当前画面在进行模糊时的权重值。提升该值,模糊会向随后的两帧进行偏移;降低该值,模糊会向前两帧进行偏移。

5. 测试VRay物理摄像机缩放因数训练步骤

1)执行"文件"→"打开"命令,打开配套素材中的项目6→6.5 VRay相机缩放因数→"6.5.max"文件,如图6-31所示。

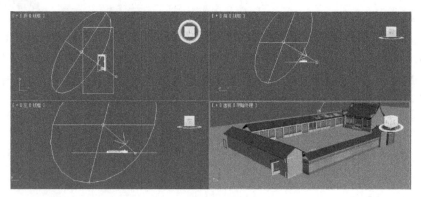

图 6-31

2)设置摄像机类型为VRay,然后在场景中创建一台VRay物理摄像机,其位置如图6-32所示。

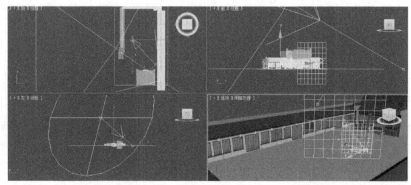

图 6-32

3）选择VRay物理摄像机，然后在"基本参数"卷展栏下设置"缩放因子"参数的值为1，"光圈数"参数的值为2，如图6-33所示。

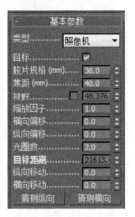

图 6-33

4）按〈C〉键切换到摄像机视图，效果如图6-34所示，然后按〈F9〉键测试渲染当前场景，效果如图6-35所示。

图 6-34

图 6-35

5）在"基本参数"卷展栏下将"缩放因子"参数的值设置为2，如图6-36所示。按〈F9〉键测试渲染当前场景，效果如图6-37所示。

图 6-36　　　　　　　　　　　　　　　图 6-37

6）在"基本参数"卷展栏下将"缩放因子"参数的值设置为3，按〈F9〉键测试渲染当前场景，效果如图6-38所示。

图 6-38

项目总结

　　摄像机是场景中必不可少的组成部分，其作为场景中的特殊对象，在制作效果图时特别有用。通过对摄像机角度的调整和镜头的切换可以在一个场景中渲染输出多幅效果图。在项目7的任务中就可以学习并使用到此技能，不仅易于操作，而且也大大提高了工作效率。

项目 **7**
渲染技术实战

项目概述

　　渲染就是将三维模型赋予材质与贴图并设置灯光，然后进行渲染并输出生成效果图的过程。3ds Max具备强大的渲染输出功能，本项目将系统地学习如何将3ds Max场景进行渲染输出。通过渲染水墨画和渲染阳光卧室两个训练掌握3ds Max标准渲染技术和当今非常流行的VRay渲染技术。

任务　使用渲染技术

任务分析

　　本任务围绕如何完成精湛的渲染技术训练展开，从了解3ds Max渲染输出的知识开始，到学习如何灵活运用扫描线渲染器和VRay渲染器，最终在任务中掌握渲染输出技能。

任务目标

　　了解渲染输出的基本知识以及装潢设计的基本理论；学习默认扫描线渲染器和VRay渲染器的使用方法；掌握3ds Max渲染技术完成任务训练。

任务热身

1. 渲染输出基本知识

　　使用3ds Max创作作品时，一般都遵循"建模"→"灯光"→"材质"→"渲染"这个最基本的步骤，渲染是最后一道工序（后期处理外）。渲染的英文名为Render，翻译为"着色"，也就是对场景着色的过程，它是通过复杂的运算，将虚拟的三维场景投射到二维平面上，这个过程需要对渲染器进行复杂的设置，图7-1和图7-2所示是一些比较优秀的渲染作品。

图 7-1

图 7-2

（1）渲染器的类型

3ds Max 2012默认的渲染器有"iray渲染器""mental ray 渲染器""Quicksilver硬件渲染器""默认扫描线渲染器"和"VUE文件渲染器"。安装好VRay渲染器之后也可以使用VRay渲染器来渲染场景，如图7-3所示。

图 7-3

（2）渲染工具

在"主工具栏"右侧提供了多个渲染工具，如图7-4所示。

1）渲染设置：单击该按钮可以打开"渲染设置"对话框，基本上所有的渲染参数设置都在该对话框中完成。

2）渲染帧窗口：单击该按钮可以打开"渲染帧窗口"对话框，在该对话框中可以选择渲染区域或切换通道和储存渲染图像等。

图 7-4

3）渲染产品：单击该按钮可以使用当前的产品级渲染设置来渲染场景。

4）渲染迭代：单击该按钮可以在迭代模式下渲染场景。

5）动态着色：单击该按钮可以在浮动的窗口中执行"动态着色"渲染。

（3）渲染输出文件的常用格式

在3ds Max 2012中渲染的结果可以保存为多种格式的文件，包括图像文件和动画文件，下面介绍几种比较常用的文件格式，如图7-5所示。

图 7-5

1）AVI格式：该格式是Windows系统通用的动画格式。

2）BMP格式：该格式是Windows系统标准位图格式，但不能保存Alpha通道信息。

3）EPS PS：该格式是一种矢量图形格式。

4）JPG：该格式是一种高压缩比率的真彩色图像文件格式，常用于网络传播，是一种常用的文件格式。

5）TGA、VDA、ICB和VST：这些格式是真彩色图像格式，可以保存Alpha通道信息，可以进行无损质量的文件压缩处理。

6）MOV格式：该格式是苹果机iOS平台的标准动画格式。

2. 默认扫描线渲染器

"默认扫描线渲染器"是3ds Max自带的标准渲染器，它是一种多功能渲染器，渲染速度特别快，但是渲染功能不强。在工具栏中单击渲染设置按钮，便会弹出渲染设置参数控制面板，如图7-6所示。

渲染设置中包含4个选项卡，这4个选项卡根据指定的渲染器不同而有所变化，每个选项卡中包含一个或多个卷展栏，分别对各渲染项目进行设置。下面对设置为3ds Max "默认扫描线渲染器"时所包含4个选项卡做简单介绍。

图　7-6

（1）选项卡介绍

1）公用：此选项卡中的参数适用于所有渲染器，并且在此选项卡中进行指定渲染器的操作。共包含4个卷展栏：公用参数、电子邮件通知、脚本和指定渲染器。

2）渲染器：根据指定渲染器的不同，可以分别对渲染器的各项参数进行设置，如果安装了其他渲染器，则这里还可以对外挂渲染器参数进行设置。

3）光线跟踪器：用于对3ds Max的光线跟踪器进行设置，包括是否应用抗锯齿、反射或折射的次数等。

4）高级照明：用于选择一个高级照明选项，并进行相关参数设置。

（2）"公用"选项卡参数设置

1）设置输出大小，如图7-7所示。

① 宽度/高度：分别设置图像的宽度和高度，单位为px（像素）。

② 图像纵横比：设置图像长度和宽度的比例，当长宽值指定后，它的值也会自动计算出来，图像纵横比=长度/宽度。

在自定义尺寸类型下，如果单击它左侧的锁定按钮，则会固定图像的纵横比，这时对长度值的调节也会影响宽度值，对于已定义好的其他尺寸类型，图像纵横比被固化，不可以调节。除了自定义方式外，3ds Max还提供其他的固定尺寸类型，以方便有特殊要求的用户，其中比较常用的输出尺寸如图7-8所示。

2）设置输出文件

"渲染输出"卷展栏用于设置渲染输出文件的位置，如图7-9所示。

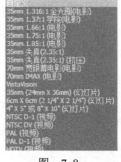

图 7-7   图 7-8   图 7-9

1）保存文件：勾选"保存文件"复选框，渲染的图像就被保存在硬盘上。"文件"按钮用于指定保存文件的位置。

2）渲染帧窗口：勾选此复选框可以在渲染帧窗口中显示渲染的图像。

3）指定渲染器

在"指定渲染器"卷展栏中可以进行渲染器的更换，只要单击选择渲染器按钮▦，就可以指定其他的渲染器作为当前的渲染器，指定渲染器的位置如图7-10所示。

左侧列表用于显示可以指定的渲染器，但不包括当前使用的渲染器，在左侧列表中选择一个要使用的渲染器，然后单击"确定"按钮，即可改变当前渲染器，如图7-11所示。

图 7-10   图 7-11

3. VRay渲染器

安装好VRay渲染器后，打开"渲染设置"面板，在"公用"选项卡中就可以选择并指定VRay为当前使用渲染器。VRay渲染器以插件的形式应用在3ds Max软件中，其优点是可以真实地模拟现实光照，操作简单，可控性强，并且渲染速度与渲染质量比较均衡，能保证在较高渲染质量的前提下也具有较快的渲染速度。VRay渲染器被广泛地应用在建筑、工业设计、动画制作等行业，是目前装潢设计效果图制作领域较为流行的渲染器。

（1）选项卡介绍

VRay渲染器主要包括"公用""V-Ray""间接照明""设置"和"Render Elements（渲染元素）"5个选项卡，如图7-12所示。其中经常会用到的是"V-Ray""间接照明"和"设置"这3个选项卡中的9个卷展栏下的参数。

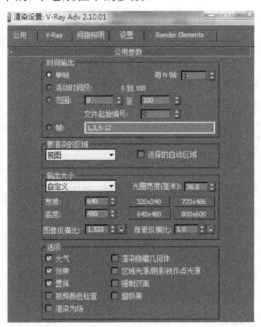

图 7-12

（2）渲染器主要参数

1）帧缓冲区。"帧缓冲区"卷展栏下的参数可以代替3ds Max自身的帧缓冲窗口，这里可以设置渲染图像的大小，以及保存渲染图像等，如图7-13所示。

①启用内置帧缓冲区：选择启用帧缓存，可以使用VRay自身的渲染窗口。同时需要注意，应该取消勾选3ds MAX默认的"渲染帧窗口"复选框，这样可以节约一些内存资源。

②渲染到内置帧缓冲区：在渲染时将色彩信息储存到系统缓存，通过屏幕显现渲染过程。也可以取消勾选此复选框，仅通过文件进行图像的结果保存，而不显现过程，节约内存空间。

③从软件中获取分辨率：使用软件设定的图像输出分辨率。也可以取消勾选此复选框，启用VRay设定的输出分辨率。

2）全局开关。"全局开关"卷展栏下的参数主要用来对场景中的灯光、材质、置换等进行全局设置，如是否使用默认灯光，是否开启阴影，是否开启模糊等，如图7-14所示。

图　7-13　　　　　　　　　　　　　　　　图　7-14

①置换：控制是否开启场景中的置换效果。

②灯光：是否开启场景中的光照效果。取消勾选此复选框时，场景中的灯光不会起作用。

③默认灯光：控制场景是否使用3ds Max系统中的默认光照，一般情况下都不设置此参数。

④隐藏灯光：控制场景中被隐藏的灯光是否使用。

⑤阴影：控制灯光是否产生的阴影。

⑥仅显示全局光照明：渲染结果只显示全局光照明效果，一般勾选此复选框。

⑦不渲染最终的图像：是否渲染最终图像。勾选后，VRay计算完光子以后，不再渲染最终图像。

⑧反射/折射：控制是否开启场景中材质的反射和折射效果。

⑨最大深度：控制反射与折射的深度和次数。

⑩覆盖材质：用一种材质替换场景中的所有材质。一般在测试阳光时使用。

⑪光泽效果：是否开启反射或折射模糊效果。

3）图像采样器（反锯齿）。该卷展栏下的参数主要用于控制渲染后图像的抗锯齿效果。抗锯齿数值的大小决定了图像的渲染精度和渲染时间，它与全局照明精度的高低没有关系，只作用于场景物体的图像和物体边缘的精度，其参数设置面板如图7-15所示。

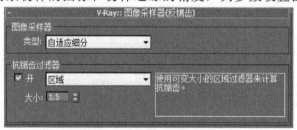

图　7-15

①类型：用来设置"图像采样器"的类型，包括"固定""自适应确定性蒙特卡洛""自适应细分"3种类型。如图7-16所示。

"固定"是一种最简单的采样器，对于每一个像素使用一个固定的样本。"自适应确定性蒙特卡洛"，根据每个像素和它相邻像素的亮度差异产生不同数量的样本，用于有大量微小细节渲染的情形。其中"最小细分"定义每个像素使用的样本的最小数量，一般为1；"最大细分"定义每个像素使用的样本的最大数量。"自适应细分"，如果场景中细节比较少是最好的选择，细节多效果不好，渲染速度慢。它是3种采样类型中最占用资源的一种，而"固定"采样器占的内存资源最少。

②抗锯齿过滤器：勾选"开"复选框后，可以从下拉列表框中的16种类型中选择一个抗锯齿过滤器对场景进行抗锯齿处理。其中较为常用的是"区域""清晰四方形""Catmull-Rom"，如图7-17所示。

4）环境。该卷展栏下可以设置天光的亮度、反射、折射和颜色等。此区域对于全封闭的空间不起作用，必须是开放式空间或能接受外部环境影响的空间。设置面板如图7-18所示。

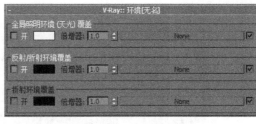

图 7-16　　　　　图 7-17　　　　　　　　　　图 7-18

①全局照明环境（天光）覆盖：控制是否开启VRay天光，勾选"开"复选框后，3ds Max默认的天空效果将失去作用。

②颜色：设置天光的颜色。

③倍增器：设置天光亮度的数值。

④反射/折射环境覆盖：勾选"开"复选框后，场景中的反射环境将由它来控制。

⑤折射环境覆盖：勾选"开"复选框后，场景中的折射环境将由它来控制。

5）颜色贴图。该卷展栏下的参数主要用来控制整个场景的颜色和曝光方式，设置面板如图7-19所示。

"类型"下拉列表框中提供了7种不同类型的曝光方式，如图7-20所示。

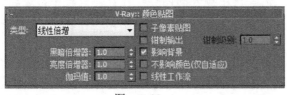

图 7-19　　　　　　　　　　图 7-20

"线性倍增"，这种模式基于最终色彩亮度来进行线性的倍增，会导致靠近光源的点过分明亮，所以明暗对比强烈，较为容易曝光。

"指数"，采用指数模式，降低靠近光源处表面的曝光效果，明暗对比不强烈。

"HSV指数"，曝光方式比前面两种更加平衡，不同点在于可以保持场景物体的颜色和饱和度，但这种方式会取消高光的计算。

6）间接照明。VRay渲染器中，如果没有开启间接照明，则效果就是直接照明效果，开启后就可以得到间接照明的效果。开启间接照明后，光线会在物体与物体间相互反弹，因此光线的计算会更加准确，图像也更加真实，其参数设置面板如图7-21所示。

①首次反弹：当光线穿过反射或折射的时候，会产生首次反弹效果。

a）倍增器：控制"首次反弹"的光的倍增值，值越高，"首次反弹"的光的能量越强，反之越差。

b）全局照明引擎：设置"首次反弹"的GI引擎，包括"发光图""光子图""BF算法"和"灯光缓存"4种。

②二次反弹：在全局光照计算中产生次级反弹。

a）倍增器：控制"二次反弹"的光的倍增值，值越高，"二次反弹"的光的能量越强，渲染场景越亮，最大值为1，默认值也为1。

b）全局照明引擎：设置"二次反弹"的全局照明引擎，包括"发光图""光子图""BF算法"和"灯光缓存"4种全局照明引擎，如图7-22所示。

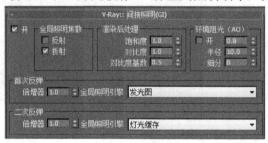

图　7-21　　　　　　　　　　　　　　　　图　7-22

发光图：计算场景中物体漫射表面发光。其优点是运算速度非常快，噪波效简洁明快。可以重复利用保存的发光图，用于其他镜头中。缺点是在间接照明过程中会损失一些细节。如果使用了较低的设置，则渲染动画效果会有些闪烁。运算运动模糊时会产生噪波，影响画质。

光子图：对于存有大量灯光或较少窗户的室内或半封闭场景来说是较好的选择。其优点是光子图可以非常快地产生场景中灯光的近似值。与发光图一样，光子图也可以被保存或被重新调用，特别是在渲染不同视角的图像或动画的过程中可以加快渲染速度。缺点是光子图一般没有一个直观的效果，需要占用额外的内存。在计算过程中，运动模糊中物体的间接照明计算有时不完全正确。光子图需要真实的灯光来参与计算，无法对环境光产生的间接照明进行计算。

灯光缓存：是一种近似于场景中全局光照明的渲染，与光子图类似，但没有其他的局限性，主要用于室内和室外的渲染计算。其优点是灯光贴图很容易设置，只需要追踪摄像机可见的光线。灯光类型没有局限性，支持所有类型的灯光。对于细小物体的周边和角落可以产生正确的效果。可以直接快速且平滑地显示场景中灯光的预览效果。缺点是仅支持VRay中的材质。不能完全正确计算运动模糊中的运动物体。对凹凸类型支持不够好。如果想使用凹凸效果，则可以使用发光图或直接计算全局照明。

③饱和度：指色彩的鲜艳程度，也称为色彩的纯度。

④对比度：指的是一幅图像中明暗区域最亮的白和最暗的黑之间不同亮度层级的测量，差异范围越大表示对比越大，差异范围越小表示对比越小。

7）发光图。发光图中的"发光"描述了三维空间中的任意一点以及全部可能照射到这点的光线，它是一种常用的全局光引擎，只存在于"首次反弹"引擎中，其参数设置面板如

图7-23所示。

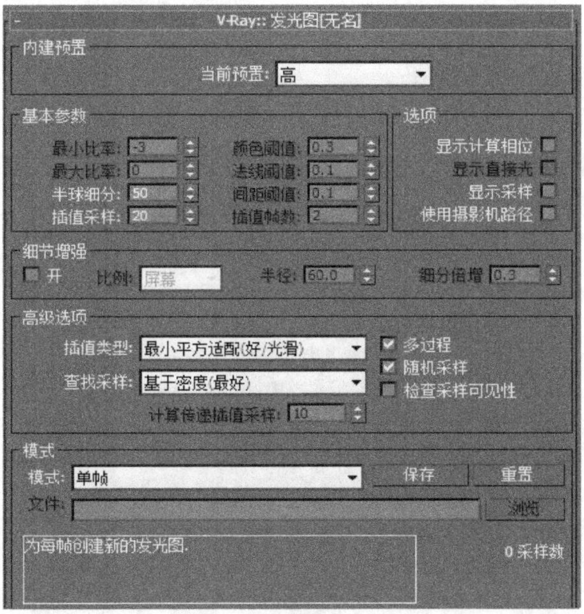

图　7-23

① 最小比率：指首次传递的分辨率。

② 最大比率：指最终分辨率。

③ 半球细分：决定单独的全局照明样本质量，值小会产生黑斑。

④ 插值采样：定义被用于插值计算的全局照明样本数量，值大细节好。

⑤ 颜色阈值：确定发光图算法对间接照明变化的敏感程度。

⑥ 法线阈值：确定发光图算法对表面法线变化的敏感程度。

⑦ 间距阈值：确定发光图算法对两个表面距离的敏感程度。

⑧ 显示计算相位：显示发光图的传递过程。

⑨ 显示直接光：显示发光图的直接光照效果。

⑩ 显示采样：显示发光图的小圆点样本，模式如图7-24所示。

单帧——默认模式，对整个图像计算一个单一的发光图。

多帧增量——在渲染摄像机移动的帧序列时很有用。

从文件——使用已经保存好的光子文件。

图　7-24

添加到当前贴图——将计算全新的发光图，并把它增加到内存中已经存在的贴图中。

增量添加到当前贴图——使用内存中已经存在的贴图，在某些细节不足之处进行优化。用于多视角渲染。

块模式——一个分散的发光图被运用在每一个渲染区域。

8）灯光缓存。"灯光缓存"适用于二次反弹，其参数面板如图7-25所示。

① 细分：设置灯光信息的细腻程度。测试时一般设置为200，最终渲染时一般设置为1000～2000。

② 采样大小：决定灯光贴图中样本的间隔。值越小，样本之间相互距离越近，画面越

细腻。正式出图一般设置为0.01以下。

③ 比例：用于确定样本尺寸和过滤尺寸。"屏幕"选项适用于静帧；"世界"选项适用于动画。

④ 进程数：灯光贴图计算的次数。

⑤ 存储直接光：在光子图中同时保存直接光照明的相关信息。

⑥ 模式：和发光图一样，只不过它是作用于对灯光缓冲的。

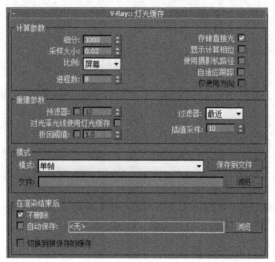

图 7-25

9）设置采样器。该卷展栏下的参数可用来控制整体的渲染质量和速度，其参数面板如图7-26所示。

图 7-26

① 适应数量：控制杂点和噪波大小。测试时一般设置为0.9，最终渲染时一般设置为0.6。

② 噪波阈值：控制与模糊有关的，包括灯光细分和抗锯齿等。数值越小，渲染品质越高，渲染速度就越慢。测试时一般设置为0.01，最终渲染时一般设置为0.005。

③ 全局细分倍增器：VRay渲染器有很多"细分"选项，该选项用来控制所有细分的百分比。

④ 最小采样值：设置样本及样本插补中使用的最少样本量。数值越小，渲染品质越低，速度就越快。数量越大，渲染品质越高，渲染速度减慢。

4. 装潢设计的基本理论

装潢设计来源于生活又体现于生活，即具有建筑艺术的特征，又兼有造型艺术的特点，其造型要素包括空间、色彩、光线和材质等，强调把功能和美结合起来去构成各种各样的空间，通过环境基调、家具选择、色彩搭配、照明渲染及材质结构等的协调组合，最终完成室内环境的整体效果。

（1）室内环境设计

室内环境设计主要包括对空间构成和动线的研究。对空间构成研究是要在人的生活和心理需求以及其他功能要求的基础上，对室内的实在空间、视感空间、虚拟空间、心理空间、流通空间以及封闭空间等加以合理筹划，确定空间的形态和序列，各个空间的分隔、联系及过渡等处理方法；对于动线的研究是要根据人在室内空间中的活动，对于空间、家具及设备等进行合理安排，从而使人在室内的移动轨迹符合距离最短、最单纯及不同时交错这3项基本要求。下面简单介绍空间构图的要素和空间构图的原则，几种示例效果如图7-27所示。

图　7-27

1）空间构图要素。

任何空间都是由线条、形、体等空间基本要素构成的。其中，形指的是物体的平面几何形状，如圆形、方形等；体指的是三维立体几何造型体，如长方体、球体等。形和体组成了建筑空间，它们的协调搭配使得室内空间富有生机和变化。如果矩形室内空间有矩形的茶几、柜子和沙发等矩形家具，墙上挂着矩形的匾额等，这样布置难免显得呆板，如果在茶几上放上球形的花瓶、曲线形灯具等，则空间会显得活跃得多。以直线作为主导线条的物体给人简练、平稳的感觉，适合于淡雅、理想化的基调；以曲线为主导线条的物体富有流动感，流畅的线条给人一种贴切、真实的艺术气息，适合于比较柔和、轻松的环境，但是曲线使用过多容易给人一种柔弱的感觉。

① 造型体的比例和尺度要合理。

建筑装饰设计中的任何造型体都涉及尺度和比例的问题。尺度指的是造型体的长、宽、高3个方向上的尺寸；比例则包括造型体本身长、宽、高3个方面尺寸之间的相对大小，也包括造型体和周围其他物体尺寸的相对大小。适当协调的比例能够产生和谐的美感，否则只会使人觉得生硬、不协调。设计过程中可以根据整体和局部关系、使用的要求等来综合考虑造型体本身和相对于周围物体的尺寸关系。

② 均衡性和稳定性。

均衡性指的是空间构图中各个要素之间相对的视觉上的轻重关系；稳定性指的是空间整体上下之间视觉上的轻重关系。均衡性要求空间前后左右各部分给人以匀称、安定的美感，对称的布置很容易实现均衡性，同时对称手法也可以体现严谨、严肃的风格，但是过于严格也会带来呆板的感觉。不对称的手法也能实现均衡性，并且不对称手法更容易显得轻快、自如。

2）节奏和韵律。

符合人的心里特点的、有秩序的装饰设计，能激发人的心里上的节奏感和韵律感。这就是一种重复性的、自然的韵律美。韵律能给结构带来更多感性的氛围。要产生韵律感，通常利用以下几种方法。

① 连续：连续的曲线给人以流动的感觉，通过色彩、形状及图案等的连续或重复来产生一种韵律美，能给人以鲜活的动感。

② 渐变：线条、色彩、明暗及形状按照一定的规律变化，能够带来层次上和空间上的韵律美，甚至是一种延展的韵律美。

③ 交错：各种组成要素按照一定的规律穿插交织、重复出现，能产生自然生动、节奏性很强的美感。

（2）室内家具设计

对于一定的室内空间，只有通过配制各种用途的家具，才能实现各种室内功能。家具是人们工作、学习和生活的必需用具，也是人们生活中最直接的生活用品之一。另外，由于家具所占的空间比较大，位置比较突出，它的视觉和触觉最容易在人们心里产生明显的效应。因此，家具设计是现代室内设计及建筑装饰的一个重要方面。家具可以通过其表现的时代特点、艺术风格及风俗的习惯，进而对整个室内环境效果的好坏产生极其重要的影响。

（3）室内色彩设计

对于一个建筑空间而言，色彩是一种能够强烈影响人心理效应的因素。它不只局限于一个抽象的视觉概念，而是和建筑中每一个物体的材质紧密联系在一起。在建筑设计中，色彩设计之所以占重要地位，是因为建筑最终是以其结构形态和色彩效果被人感知的，色彩对组成视觉环境、营造建筑情调和气氛具有重要作用，同时能够对人的情绪和心理产生潜移默化的影响，示例效果如图7-28所示。

图 7-28

1）色彩的基本知识。

一切物体的颜色的唯一来源是光。色彩是光作用于人的视觉神经而引起的一种视觉作用。没有光的作用，就没有颜色。人们都有这样的常识：在密闭的暗室里，任何颜色都无法得到分辨。当光照射到物体上时，一部分光被物体吸收，一部分光被物体反射，还有一部分光投射到物体的另一侧，人们所能分辨的物体的颜色实质上是物体反射光的颜色，不同的物体有不同的质地，光线照射后，其吸收、反射及透射的情况各不相同，因而显示出多种多样的色彩。

现代的色彩科学以太阳作为标准发光体，并以此为基础解释光色等现象。通过三棱镜色散后，太阳光线被色散成红、橙、黄、绿、青、蓝、紫7种颜色。太阳光照射到物体上被物体反射的光色就反映为物体的颜色。例如，绿叶吸收了太阳光中的红、橙、黄、青、蓝、紫等成分，反射了绿色，人们就感觉到叶子的颜色是绿色的。

物体呈现白色，是因为物体反射出了绝大多数光线成分；物体呈现黑色，是因为吸收了大部分光色成分。由于物体对光色的吸收和反射都是相对的，因此，物体的各种颜色在色谱上也是相对的，在自然界中没有纯白和纯黑的物体。

2）色彩的属性。

色彩具有3种属性，即色相、亮度和饱和度。任何一个物体的颜色都可以由这3个要素来确定，所以也称之为色彩的三要素。它们是比较和确定各种色彩的唯一标准。

① 色相。色相是色彩所呈现的相貌及不同色彩的面目，反映了不同色彩各自具有的品格。如红、黄等色彩，色彩之所以不同，取决于光波的波长。人们所说的红、橙、黄、绿、青、蓝、紫等色彩名称就是色相的标志。作为一个建筑设计人员，尤其是室内装饰设计人员，提高对色彩辨别的敏感性并理解它们的差别是一项很重要的技能。

② 亮度。色彩的明亮程度称为亮度。越接近白色，色彩的亮度越高；相反，越接近黑色，则色彩的亮度越低。即使是同一种颜色，由于受光强弱的不同，因此亮度也各不相同，例如，红色就有浅红、深红和暗红的区别。

③ 饱和度。色彩的饱和度也称为纯度。色相环上的标准色均为红色，红色的饱和度最高。如果在标准色中加入白色，则饱和度降低而亮度增高；如果在标准色中加入黑色，那么饱和度降低且亮度也降低。通常所说的颜色鲜艳指的就是它的饱和度，如果某个物体的颜色灰暗，就是指它的饱和度低。

3）色彩的物理作用。

人们通过眼睛的视觉神经感知色彩时可以产生多种效应。所谓色彩的物理作用，指的就是各种色彩对物体的冷暖、远近甚至轻重等物理属性的表现。色彩的物理作用在建筑装饰设计上的应用十分重要。

① 冷暖感。在色谱中，把不同色相的色彩按照它们的冷暖感觉分为冷色和暖色。因为绝大多数生物和有机物的颜色给人以温暖的感觉，所以暖色也常被称为有机色；而无机物（如石头等）多属冷色调，所以也有人将冷色称为无机色。橙、红之类的颜色给人以温暖的感觉，称为暖色；青、蓝之类的颜色称为冷色；由冷暖原色合成的颜色（如紫色、绿色）称为暖色；而一些既不属于暖色也不属于冷色的黑、白、灰、金和银等颜色称为中性色。

色彩的冷暖感与色彩的亮度有关，亮色具有凉爽感，暗色具有温暖感。色彩的冷暖感还与色彩的饱和度有关，在暖色范围中，饱和度越高越有温暖感，在冷色范围中，饱和度越高越有凉爽感。

在建筑装饰设计中，要想营造满意的建筑空间气氛，色彩的冷暖感起着很大的作用。在一个空间里有一个作为主题的色调，而各种中性色多是调剂色。进行色彩规划时，首先应该选定统一色调：是明亮的色调还是暗淡的色调；是冷色还是暖色；是具有活泼感的还是体现深沉感的。为表现这些感觉还需考虑具体的配色色调（或同一色调，或类似色调；或明亮色调，或黯淡色调），并选择地毯、地砖及壁纸等材质，以实现整体的和谐感。

② 距离感。颜色可以给人进退、凹凸及远近的距离感。色彩的距离感和色相以及色相的亮度有关。一般，暖色和亮度较高的色彩具有前进、凸出及接近的效果；而冷色和亮度较低的色彩具有后退、凹进及远离的效果。建筑设计中常利用色彩的这种属性来改善空间的尺寸感和形态感。

③ 重量感。色彩的重量感取决于其亮度和饱和度。亮度和饱和度高，则显得轻，如桃红色；亮度和饱和度低，则显得重。因而，有时把色彩分为轻色和重色。在建筑设计中经常利用色彩的轻重感作为建筑构图达到平衡和稳定的辅助手段。另外，色彩的轻重感还有利于表现建筑的风格。

④ 体积感。根据色彩对物体体积的视觉效果的影响，色彩又分为膨胀色和缩聚色。色彩的体积感和色相以及亮度有关，暖色和亮度高的色彩具有扩散作用，因而显得体积膨胀；而冷色和亮度低的色彩具有内聚作用，因而显得体积缩小。在建筑设计中，可以利用色彩的体积感的特性来改善建筑空间的尺度和体积，使建筑各部分之间的关系更加协调。

4）色彩给人的心理效应。

人们对不同色彩表现出来的心理反应，常常和人们的生活经验、利害关系以及由色彩引起的联想有关，同时也和人的年龄、职业、性格、修养等有关。此外，色彩的心理效应一方面表现出它给人以美感，另一方面表现出它能够影响人的情趣，使人引起联想。这种联想可以是抽象的，也可以是具体的。例如，看到红色，就会联想到太阳、火花甚至鲜血。各种颜色通常容易引起的情绪或联想如下。

① 红色：血的颜色，富于刺激性，富于激情，容易使人感觉到热情、热烈、美丽，以及吉祥、活跃和忠诚，也会让人感觉到血腥。

② 橙色：兴奋之色，明朗、甜美和温馨，充满温情而又不乏活跃，容易使人感觉到成熟和丰盛，也可以让人感到烦躁。

③ 黄色：帝王之色，宫殿通常用这种颜色来表现其高贵和华丽，使人感觉到光明和喜悦。

④ 绿色：生命之色，森林和田野的基调色，富于生机，容易使人感觉到青春、活力、健康和永恒，也是公平、宁静、爱护和智慧的象征。

⑤ 青色：使人联想到大海的碧波，是一种冷静之色，容易使人感觉到深沉、博大、悠久和理想，但也容易使人产生忧郁、冷淡和贫寒的感觉。

⑥ 紫色：使人联想到古朴和庄重，也可以使人联想到险恶。

⑦ 白色：纯洁的象征，使人联想到清白、光明、神圣和平和，也可以使人感觉到冷酷和哀婉。

⑧ 灰色：给人以朴实感，更多的使人感觉平凡、空虚、忧郁、沉默和绝望，缺乏生机。

⑨ 黑色：使人感到坚实、含蓄、凝重和肃穆，也容易使人感觉到黑暗和罪恶。

5）色彩的使用原则。

建筑的色彩配置必须符合空间的构图原则，处理好协调和对比、统一和变化、主景和背景等的关系，才能充分发挥色彩对空间的美化作用，否则可能会适得其反。在进行室内设计时，首先根据不同的使用目的、用户的个人爱好等确定空间色彩的主调。如同乐章的主旋律，主调色彩在室内气氛中起主导作用，确定合适的室内主调色彩在室内装饰设计中是至关重要的。构成空间主调色彩的因素很多，一般来说要考虑空间的亮度、色温、饱和度和对比度等。从亮度上讲，有明调、灰调和暗调；从色温上讲，有冷调、暖调等。其次要处理好统一和变化的关系，色彩主调使色彩关系相互统一、协调，只有统一而无变化，仍然达不到满意的效果，要在统一的基础上求变化，才能取得较好的效果。为了取得既有统一又有变化的效果，要在统一的基础上求变化，才能取得较好的效果。为了取得既有统一又有变化的效果，首先应该注意大面积的色块不宜采用过分鲜艳的色彩；小面积的色块则可以适当提高亮度和饱和度。再次，色彩设计要体现建筑的稳定感、韵律感和节奏感，通常，上轻下重的色彩关系给人以稳定的感觉。另外，色彩的起伏变化要注意规律性，形成韵律感和节奏感，切忌杂乱无章。

空间形式和色彩的关系很密切，利用色彩的物理属性和对人心理的影响，可以在一定程度上改变空间的尺度和比例，分隔、渗透空间，改善空间效果。例如，墙面如果过大，宜采用收缩色。柱子比较细时，宜采用浅色；柱子比较粗时，用深色可以减弱粗笨的感觉。在使用色彩时还应注意，在不同的色彩交接过渡部分应该自然、明确和合理；为了突出名贵陈设和名人绘画，背景色调应处于从属地位，室内整体色调应以低纯度色调为主，然后再以高纯度色调在重点局部和中心加以点缀，可以实现典雅而丰富的艺术效果。

总之，色彩可以起到调整人与空间关系的作用。在创作建筑效果图时，一定要注意整个构图的色彩是否做到了以上几点。

（4）室内照明设计

光影效果的利用是现代建筑室内设计的特色之一，特别是顶光和顶部间接光被广泛地应用起来，利用光影的变幻可以丰富空间效果，增强装饰效果的层次感，示例效果如图7-29所示。

图　7-29

在室内装饰设计中,人造灯光的照明设计对于营造环境气氛起着特殊的作用。当代空间设计中,灯具不仅起着不可或缺的装饰作用,同时,灯光在不同的场合、不同的空间要求下,满足了人们视觉需求的精神享受。室内光源成分复杂,照明和灯具布置对创造空间的艺术效果有很大的影响,光线的强弱、颜色以及照射方式都可以明显影响空间的感染力。例如,卧室应该给人以宁静舒适、色调温暖和光线较弱的感觉,而饭店大厅则应该给人以富丽堂皇的明亮感。

在进行室内照明设计时,应在充分研究被照明对象的特征、性质与使用目的、观赏者的动机和情绪、视觉环境所提供的信息和内容、创造环境气氛等方面的要求及光源本身性质的基础上,对照明的方式、照明的用途、照明所用的光色以及灯具本身的样式等方面做出合理的安排和设计。

(5)室内装饰材质设计

通常材质设计是实现造型设计与色彩设计的根本措施,同时也是表现光线效果和材质效果的重要依据。换句话说,材料设计的正确与否,直接关系着装饰设计与制作的整体效果的成败,无论是对建筑功能还是表现效果,都将产生严重的影响。

装饰材料的外观设计必须满足视觉和触觉两个方面的要求,层次丰富、功能各异的材质,有利于营造一个舒适的生活和工作环境。材质的本身的光泽、质地和舒适感使装饰用具更具人性化,使人乐于接受。

1)材质的光泽。

抛光的大理石、玻璃、釉面陶瓷及瓷砖等的表面具有良好的光泽和变化多端的色泽,这些装饰材料的优点是色彩明丽,鲜艳耀人,具有很强的现代感。

镜面玻璃独具的反射特性既能用于墙体表面的装饰,又可以用于增强室内空间感和立体感。

光亮的金属面有特殊的金属光泽,既显得古朴凝重又不失高贵,在很多方面是不可替换的材质元素。

2)材质的质感。

各种不同材料的表面有不同的触觉特点。例如,棉麻织物的纤维既有地毯和壁毯的厚实、温和、粗犷、刚毅感,又有丝织品的华贵和亮丽感,给人的感觉用在不同的对象上恰到好处。

总之,材质是色和光得以呈现的载体,它表面的精、粗、光、涩,常常会影响色和光的寒暖、深浅变化。质地的松软和挺括、柔韧和坚硬也易使人引起含蓄和明快的联想,借助材质料本身材质的表现力,有利于调整室内的空间感和事物的体量感。材料表面纹理的粗细、疏密,也能在不同层次上体现出装饰效果。

除了结构形体、色彩、光泽及材质以外,水体和绿化也是构成室内整体美的生态要素。盆景和水体本身就是一个浓缩的风景,加上它独具的生命活力,能够使室内装饰起到画龙点睛的效果。同时,绿色植物也是改善室内环境的重要手段,很多新装修的室内空气中往往会有有害气体超标的现象,绿色植物能起到良好的净化空气的作用。

不同的色彩、灯光和材质的运用,会给室内空间效果带来某种程度的影响,但起主导作用的是空间维护体和家具的陈设布局。天花板、墙面、地面、立柱和隔断等,宛如室内空间的一种环境躯壳,成为室内环境设计的主体;而家具则依托这个躯体作为它的陈设背景，成为室内环境设计的宾体。这种宾主关系的构图手法，大致可以分为3种不同类型：以空间围护体为衬托的对比手法、以空间围护体为依托的调和手法、以空间体和面穿插为依存的对应手法。

无论采用哪种手法，都要从整体和谐美的角度出发，讲究依景置物，体量适度；层次穿插，烘托有序，虚实掩映，变化多端；华素适宜，繁简有度；光影交织，疏朗风韵；务求基调，主从分明；重点突出，点缀贴切。最忌讳独立对待某一部分，各部分之间的协调配合才是决定整体美的关键。

（6）室内效果图制作的一般流程

三维效果图作为计算机图像制作的一个分支，从一开始就以生产周期短、画面真实丰富、制作过程交互等优点而受到了设计师的青睐。如今，在建筑装饰行业的前期策划、客户洽谈、项目投标竞标等过程中，计算机效果图已经很大程度地取代了传统手绘效果图。

3ds Max是近年来出现的最优秀的三维造型体设计及动画设计软件之一，其强大的功能在室内建筑装饰设计上，给设计师们提供了一套得心应手的设计工具。传统建筑效果图的制作是根据建筑的三视图（平视、立面、剖面视图）在头脑中建立整个建筑场景，然后选择一个合适的角度，根据画法几何的原理合成透视图，最后加上色彩渲染效果。这种方法很难将建筑装饰设计作品方方面面的因素详尽地表达出来，而三维绘图软件则是在理解设计图的基础上，直接建立三维造型体，计算机将自动生成各个角度的透视图。

利用3ds Max 9可以制作形象逼真的三维造型体，可以随意调整、组合各种造型体，以达到最优的设计效果；调整灯光效果，创造最合适的灯光氛围；最为难能可贵的是，3ds Max 9提供了强大的多媒体演示功能，利用它甚至可以随着"摄像机"镜头参观室内的每个角落。可以说，3ds Max 9让设计师们可以随心所欲、痛快淋漓地表达设计思想。在房地产行业中，利用3ds Max 9制作的演示动画可以随身携带到任何需要的地方，向客户全面地演示房地产项目，这无疑给商业活动带来了更多的便捷和有利条件。

利用3ds Max 9制作三维设计图的一般流程是：创建造型体→创建材质→设置灯光效果→场景渲染→多媒体制作，示例效果如图7-30所示。

图 7-30

1）创造造型体。

制作造型体是效果图制作的基础，必须精确地创建场景中的各个模型，协调它们之间的比例、距离，以及场景中模型点面数的分布，并且要快速、准确地将整个要渲染的场景建立出来。

3ds Max 9是面向对象的设计软件，这里的对象指的是能够利用3d Max 9制作、选取、编辑和进行其他操作的事物，可以是单独的个体，也可以是由多个个体组成的集合。在进行造型体制作之前，必须明确造型体可以分成几个部分以及每个部分的制作工序等。局部的细致工作是实现良好整体效果的基础，从这个角度来讲，利用该软件制作造型体是一件颇费心思的细致工作。3ds Max 9提供的都是一些常用的标准对象的造型体，绝大多数造型需要设计者大量细致的工作才能完成。不用怀疑3ds Max 9制作造型体的能力，只要坚信一点：在熟练掌握了它的使用方法以后，通过设计者大量的细致入微、不厌其烦的工作，任何复杂的甚至是不可思议的造型体，都能通过3ds Max 9来实现。制作造型体一定要严格按照设计图制作，准确地表达设计方案，这要求初学者必须具备对设计图纸的阅读和理解能力。可以说，室内建筑装饰设计是一个系统性很强的工作，计算机为现实设计思路提供了一个革命性的工具，掌握了利用计算机制作室内装饰效果图的方法，对设计人员的设计工作无疑是提供了极大的便利。

2）创建材质。

在造型体创建完毕以后，必须对其赋予适当的材质，才能使作品更加形象贴切，例如，木制家具在对其赋予了木质纹理以后才会显得自然逼真。在赋予对象材质之前，先要根据被赋予对象应具有的质感、表面纹理和尺寸大小设计好材质，然后到3ds Max 9自带的材质库中寻找需要的贴图。此外，如果需要，用户还可以从一些专业网站的素材库下载材质，必要时还可以使用平面设计软件（如Photoshop）绘制所需的贴图和各种通道。对造型赋予材质的工作，往往需要设计者根据生活经验和适当的想象力来完成，其间难免会反复进行试验。

3）灯光处理。

在室内效果图中，利用灯光制造特有的明暗、阴影等效果是非常重要的。3ds Max 9提供了一系列的灯光工具，用户可以按照设计者的意愿任意调试。和材质创建一样，灯光的设置也是一个反复试验的过程，设计者必须注意到光强、阴影、颜色及投射方式等诸多方面的综合效果，不厌其烦地调试才能使诸多因素协调统一，达到令人满意的设计效果，形成一定的环境氛围。另外，在使用灯光时，应在保证效果的前提下尽量节约用光数量。

4）摄像机及渲染。

3ds Max 9提供了虚拟的摄像机系统，使用户能够很方便地实现对摄像机的控制，从而展现建筑装饰效果的最佳视图。

通过对创建的模型进行上述几个步骤的编辑，就可以生成逼真的效果图和演示动画。具体的操作方法将在后续的实例中详细介绍。

任务实施

1. 渲染水墨画训练步骤

1）执行"文件"→"打开"命令，打开配套素材中的项目7→7.1渲染水墨画→"7.1m.max"模型文件，如图7-31所示。

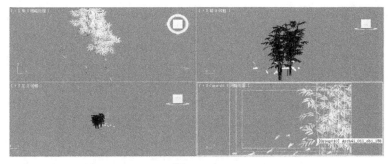

图 7-31

2）制作水墨画材质。按〈M〉键打开"材质编辑器"对话框，选择一个空白质球，然后将材质命名为水墨画。设置环境光的颜色为（红：87，绿：87，蓝：87），然后在"漫反射"贴图通道中加载一张"衰减"程序贴图，接着在"混合曲线"卷展栏中调节好曲线的形状，最后将"漫反射"通道中的"衰减"程序贴图复制到"高光反射"和"不透明度"通道上。在"反射高光"选项区中设置"高光级别"为50，"光泽度"为30，如图7-32所示。

3）设置渲染参数。按〈F10〉键打开"渲染设置"对话框，然后单击"公用"选项卡，接着在"公用参数"卷展栏下设置"宽度"为1500、"高度"为966，如图7-33所示。

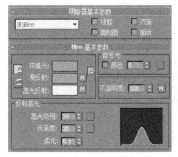

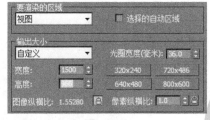

图 7-32　　　　　　　　　　　　　　　　图 7-33

4）按〈F9〉键渲染当前场景，渲染完成后将图像保存为PNG格式，效果如图7-34所示。

5）后期合成。启动Photoshop软件，然后打开配套素材中的项目7→7.1渲染水墨画→"水墨背景.jpg"素材文件，如图7-35所示。

图 7-34　　　　　　　　　　　　　　　　图 7-35

6）将前面渲染好的PNG格式的水墨画导入到Photoshop软件中，然后将其放在背景图像的右侧，最终效果如图7-36所示。

图　7-36

2. 阳光卧室渲染训练步骤

1）设置系统参数。

① 打开配套素材中的项目7→7.2阳光卧室→"7.2m.max"模型文件。在菜单栏中执行"自定义"→"单位设置"命令，打开"单位设置"对话框，然后设置"显示单位比例"为"公制"，接着在下拉列表框中选择"毫米"选项，如图7-37所示。

② 在"单位设置"对话框中单击"系统单位设置"按钮，打开"系统单位设置"对话框，然后设置单位比例为"1单位=1毫米"，如图7-38所示。

图　7-37

图　7-38

2）材质制作。

① 地毯材质制作，模拟效果如图7-39所示。选择一个空白示例球，然后设置为VRay Mtl材质，并命名为"地毯"。接着展开"贴图"展卷栏，具体参数设置如图7-40所示。在"漫反射"贴图通道中加载配套素材中的项目7→7.2阳光卧室→"毛地毯.jpg"贴图文件，然后在"坐标"展卷栏下设置"瓷砖"的"U"和"V"为2。

将"漫反射"贴图通道中的贴图拖曳到"凹凸"贴图通道上,然后设置强度为80。

图 7-39   图 7-40

② 木纹材质制作,模拟效果如图7-41所示。选择一个空白示例球,然后设置为VRay Mtl材质,并命名为"木纹"。接着展开"贴图"展卷栏,具体参数设置如图7-42所示。在"漫反射"贴图通道中加载配套素材中的项目7→7.2阳光卧室→"木纹.jpg"贴图文件,然后在"坐标"展卷栏下设置"模糊"为0.2。设置"反射"颜色为(红:213,绿:213,蓝:213),然后设置"反射光泽度"为0.6,接着勾选"菲涅尔反射"复选框。将"漫反射"贴图通道中的贴图拖曳到"凹凸"贴图通道上,然后设置强度为60。

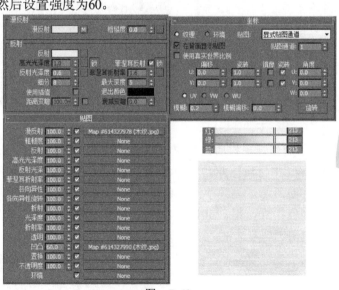

图 7-41   图 7-42

③ 制作纱窗材质,纱窗模拟效果如图7-43所示。选择一个空白示例球,然后设置为VRay Mtl材质,并命名为"纱窗"。接着展开"贴图"展卷栏,具体参数设置如图7-44所示。制作好的材质球如图7-45所示。设置"反射"颜色为(红:240,绿:250,蓝:255)。在"折射"贴图通道加载一张"衰减"贴图,然后在"衰减参数"展卷栏下设置"前"通道的颜色为(红:180,绿:180,蓝:180)、"侧"通道的颜色为黑色,接着设置"光泽度"为0.88、"折射率"为1.001,最后勾选"影响阴影"复选框。

179

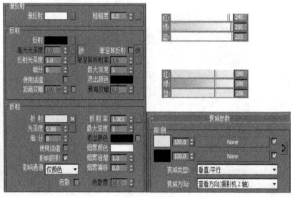
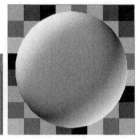

图 7-43　　　　　　　　　　　图 7-44　　　　　　　　　　　图 7-45

④ 环境材质制作，环境模拟效果如图7-46所示。选择一个空白示例球，然后设置材质为"VRay发光材质"，并将其命名为"环境"。展开"参数"卷展栏，接着在"颜色"选项后面加载配套素材中的项目7→7.2阳光卧室→"环境.jpg"贴图文件，最后在"坐标"卷展栏下设置"模糊"为0.01，如图7-47所示。

图 7-46　　　　　　　　　　　　　　图 7-47

⑤ 制作灯罩材质，灯罩材质模拟效果如图7-48所示。选择一个空白示例球，然后设置为VRay Mtl材质，并命名为"灯罩"，具体参数设置如图7-49左所示。调整好的材质球如图7-49右所示。设置"漫反射"颜色为（红：251，绿：44，蓝：255）。设置"折射"颜色为（红：50，绿：50，蓝：50），然后设置"光泽度"为0.8、"折射率"为1.2，勾选"影响阴影"复选框。

图 7-48　　　　　　　　　　　　　　图 7-49

⑥ 制作白漆材质，白漆材质模拟效果如图7-50所示。选择一个空白示例球，然后设置为VRay Mtl材质，并命名为"白漆"，具体参数设置如图7-51左所示。调整好的材质球如图7-51右所示。设置"漫反射"颜色为（红：250，绿：250，蓝：250）。设置"反射"颜色为（红：250，绿：250，蓝：250），然后设置"高光光泽度"为0.9，接着勾选"菲涅耳反射"复选框。

图 7-50

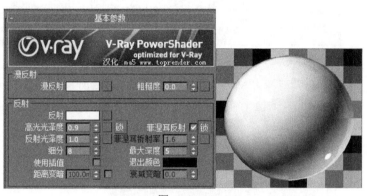
图 7-51

3）设置测试渲染参数。

① 按〈F10〉键打开"渲染设置"对话框，然后设置渲染器为VRay渲染器，接着在"公用参数"卷展栏下设置"宽度"为600、"高度"为393，最后单击"图像纵横比"参数后面的"锁定"按钮锁定渲染图像的纵横比，具体参数设置如图7-52所示。

② 单击"V-Ray"选项卡，然后在"图像采样器（抗锯齿）"卷展栏下设置"图像采样器"的"类型"为"固定"，接着在"抗锯齿过滤器"选项区中勾选"开启"复选框，并设置过滤器类型为"区域"，具体参数设置如图7-53所示。

图 7-52

图 7-53

③ 展开"颜色映射"卷展栏，然后设置"类型"为"VR_指数"，接着勾选"子像素映射"和"钳制输出"两个复选框，同时取消勾选"影响背景"复选框，具体参数设置如图7-54所示。

④ 单击"间接照明"选项卡，然后在"间接照明（全局照明）"卷展栏下勾选"开

启"复选框，接着设置"首次反弹"的"全局光引擎"为"发光贴图""二次反弹"的"全局光引擎"为"灯光缓存"，具体参数设置如图7-55所示。

图 7-54

图 7-55

⑤ 展开"发光贴图"卷展栏，设置"当前预置"为"非常低"，接着设置"半球细分"为50、"插值采样值"为20，最后勾选"显示计算过程"和"显示直接照明"两个，具体参数设置如图7-56所示。

⑥ 展开"灯光缓存"卷展栏，设置"细分"为1000，接着勾选"保存直接光"和"显示计算状态"两个复选框，具体参数设置如图7-57所示。

图 7-56

图 7-57

⑦ 单击"设置"选项卡，在"系统"卷展栏下设置"区域排序"为"三角剖分"，接着取消勾选"显示信息窗口"复选框，具体参数设置如图7-58所示。

⑧ 按〈8〉数字键打开"环境和效果"对话框，然后展开"公用参数"卷展栏，接着在"环境贴图"通道中加载一张"VRay天空"环境贴图，如图7-59所示。

图 7-58

图 7-59

4）灯光设置。

① 设置灯光类型为VRay，然后在前视图中创建一盏VRay太阳，其位置如图7-60所示。

② 选择上一步创建的VRay太阳，然后在"VR_太阳参数"卷展栏下设置"混浊度"为

2、"臭氧"为0.35、"强度倍增"为0.05、"尺寸倍增"为3、"阴影细分"为12，具体参数设置如图7-61所示。按〈F9〉键测试渲染当前场景。

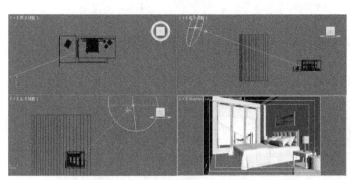
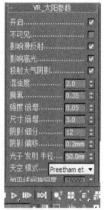

图 7-60　　　　　　　　　　　图 7-61

5）设置最终渲染参数。

① 按〈F10〉键打开"渲染设置"对话框，然后在"公用参数"卷展栏下设置"宽度"为1200、"高度"为787，具体参数设置如图7-62所示。

② 单击"V-Ray"选项卡，然后在"图像采样器（抗锯齿）"卷展栏下设置"图像采样器"的"类型"为"自适应DMC"，接着在"抗锯齿过滤器"选项区中设置过滤器类型为"Mitchell-Netravali"，如图7-63所示。

③ 单击"间接照明"选项卡，然后在"发光贴图"卷展栏下设置"当前预置"为"中"，接着设置"半球细分"为60、"插值采样值"为30，具体参数设置如图7-64所示。

④ 展开"灯光缓存"卷展栏，设置"细分"为1200，如图7-65所示。

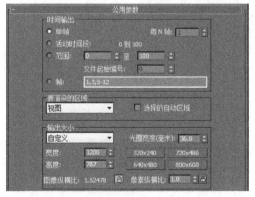

图 7-62

图 7-63

图 7-64

图 7-65

⑤ 选择"设置"选项卡，然后展开"DMC采样器"卷展栏，接着设置"噪波阈值"为0.005、"最少采样"为15，具体参数设置如图7-66所示。

图　7-66

⑥ 按〈F9〉键渲染当前场景，最终效果如图7-67所示。

图　7-67

项目总结

渲染输出是3ds Max学习中一个非常重要的技术部分，再好的模型与材质灯光都需要进行渲染处理，才能得以生动地展现。希望通过本项目的学习和任务训练，读者可以将渲染知识融会贯通，掌握对场景进行渲染的方法和技巧，能制作出专业水平的效果图和具有想象力的作品。

项目 **8**
简约儿童卧室实战

项目概述

　　简约儿童卧室效果图制作是综合性运用前几章所学知识与技能的实训项目。通过本项目的学习，读者能进一步熟悉效果图制作中的建模和材质贴赋等全过程，提升绘制效果图的综合制作能力。

任务　制作简约儿童卧室

任务分析

　　本任务从导入CAD平面图创建卧室框架模型入手，依次完成石膏顶角线、窗户、门等模型的创建和乳胶漆、壁纸、地板、家具、布艺、茶镜、白钢等材质的设置贴赋，再布置光源和摄像机并渲染输出，最后完成简约儿童卧室效果图的制作。

任务目标

　　本任务技能侧重VRay材质贴赋调节、VRay光源分布设置、VRay渲染输出、Photoshop后期处理的方式方法，读者通过实训操作，达到提高VRay插件综合运用水平的目标。

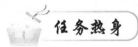

任务热身

　　卧室是睡眠和休息的地方，而且是最具私隐性的空间，因此，卧室设计更注重功能与形式的完美统一。

1. 卧室设计考虑的因素

（1）卧室设计要考虑不同年龄段主人的睡眠需要

人们在不同的年龄段时，对睡眠的时间需求也各不相同。例如，幼儿期和老年期相对睡眠时间较长，青年期和中年期相对睡眠时间较短。因此，对卧室的设计应该以各个年龄段的睡眠特点来规划，对睡眠时间和质量要求越高的，卧室设计就越要注重舒适度和隔音效果，让卧室环境随年龄同步变化。

（2）卧室设计要结合主人的性格和兴趣爱好特点

卧室主人性别、性格和兴趣爱好的不同，会直接影响他们对卧室环境需求的标准。例如，男性比较容易接受硬直的造型和冷色调，女性则更喜欢暖色调和柔和的造型。外向型的主人更喜欢前卫、抢眼的造型和色调，内向型的主人更偏好内敛、雅致的造型和色彩，因此，设计卧室时要在造型、色调、材质等方面综合考虑，这样才能符合主人的性格特点和对卧室环境的需要。另外，卧室设计时还可以结合主人的兴趣爱好，将其配合到墙面、家具造型，壁纸、床品、窗帘图案中，让卧室成为生活的"避风港"与"补给站"。

（3）卧室格局功能划分要根据主人的身份特点有所侧重

通常的卧室格局存在睡眠区、衣物储藏区、梳妆区、阅读区、休闲区等几个功能区域，不同的家庭和户型，其卧室格局功能区在此基础上有所增减。在设计卧室时，要根据主人的身份对格局功能区有所侧重。例如，主人的身份可能是学生、商人、学者、公务员等，相对于学生来说，如果没有专门的书房，就要侧重卧室内学习区的设计，不仅要增大学习区的范围，更要考虑配置相应的书柜和书桌。而商人、蓝领等，可能只设置一个相对简单、舒适的阅读区就能满足需要。另外，同样的功能区，不同身份的主人需求的侧重点也不同。例如，成年的卧室主人对休闲区比较注重舒适度，追求浪漫情调。幼儿或儿童则要考虑将休闲区设计成具有玩耍、娱乐、游戏的功能。

2. 卧室设计的原则

（1）卧室色彩设计应遵循统一和谐、淡雅温馨的原则

卧室的色彩设计主要涉及墙面、地面、家具、窗帘、床品、装饰品等几方面。卧室的基础色调，一般是指墙面、地面、天棚3部分的大面积色调，家具和床品、窗帘等织物构成主色调。色彩设计时，基础色调和主色调要统一以一两种色调为主，或蓝色系清凉浪漫，或绿色系活泼而富有朝气，或黄色系热情中充满温馨气氛。同时，可以通过主色调的不同饱和度和亮度产生丰富的变化，如床单、窗帘可以选择同为绿色系的翠绿和草绿，配以同一种图案。另外，整体的色彩效果要和谐淡雅，一般选择温暖、平稳的中间色，如乳白色、粉红色、米黄色、浅蓝色等，应避免选择刺激性较强的颜色，尽量不要用对比色，避免给人太强烈鲜明的感觉而不易入眠。装饰品的色彩搭配应慎重，与主色调统一的稳重色彩或黑、白、灰等中性色彩是安全的装饰品配色方案，而小面积的对比色调装饰品也能起到点亮深色环境空间的作用。总之，卧室色彩设计追求的是一种和谐的搭配，避免单一的局部效果追求，要从整体上协调控制色彩的运用。

（2）卧室局部造型和家具应遵循风格一致的原则

卧室的墙面、天棚吊顶、床头背景墙的造型和家具的风格要保持一致。例如，欧式风格的卧室，除了选择欧式的床和衣柜以外，还要注意床头背景墙和天棚吊顶的造型。可以将床头背景墙设计成罗马柱式的外框架，中间放置油画，两边放置带有卷草纹造型的墙壁灯。天棚吊顶的造型可以选择具有多层线条，转角花式繁复的欧式石膏吊顶。这样整个卧室就会具有浓郁的欧式风格。反之，若设计欧式家具配以中式木吊顶或床头背景墙，就会

显得不伦不类。

（3）卧室照明设计应遵循以柔和光源为主的原则

卧室的主要功能是休息，照明设计应以柔和的光源为主，更重要的是要以灯光的布置来缓解白天紧张的生活压力。卧室的照明可分为照亮整个室内的天花板灯和满足局部照明需要烘托氛围的床头灯、台灯、落地灯两大类。天花板灯的安装位置应避开床的正上方，防止躺下时光线刺眼。床头灯、台灯、落地灯应选择光线柔和、亮度较小的灯具。两类灯具的照明效果结合，既满足卧室照明要求，又使卧室充满浪漫的气氛。

（4）卧室材料选择应最大限度满足舒适度和私密性要求

卧室是整个家居设计中对舒适性、私密性要求较高的空间，因此，对材料的选择也提出了较高的标准。例如，窗帘应选择遮光性、防热性、保温性以及隔音性较好的窗纱及窗帘。若卧室里带有卫生间，则要考虑到地毯和木质地板怕潮湿的特性，因而卧室的地面应略高于卫生间，或在卧室与卫生间之间用大理石、地砖等设一门槛，以防潮气。

（5）摆设布局应遵循人体工程学标准

符合人体工程学的设计才能使卧室主人感到舒适。例如，卧室应通风良好，对原有建筑通风不良的地方应适当改进。卧室的空调器送风口不宜布置在直对人长时间停留的地方。家具与床铺至少要间隔70cm，以便走动。梳妆台高度在700mm左右使用起来最舒适等。

以上的卧室设计原则是针对通常情况而言的，最主要的是卧室主人的个人偏好，在设计时，理应按照主人的要求去设计。

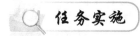

任务实施

1. 制作卧室框架模型

高品质的模型是优秀效果图的基础。相对室内效果图而言，高质量模型主要体现在模型的细节和比例两方面。但模型细节越多，场景就越复杂，这将导致系统运行缓慢。因此，制作精细的模型需要掌握一定的优化技术，使模型面数既控制在一定的数量之内，又能同时满足质量的要求。

室内模型可以简单分为两大类，即室内框架和室内家具。室内框架指的是组成室内空间的墙体、地面、顶棚（天花）、窗户、门等。室内空间由于大小、高度、户型不一，很难有现成的模型可以套用，因此一般需要根据户型图或施工图手工建模。室内家具指的是沙发、桌椅、电视、灯具、洁具等用具。家具在装修时一般根据室内设计的风格从家具城购买，如中式家具、欧式家具等，其尺寸规格都比较标准，外形和款式大同小异。对于这些模型，可以从家具模型库中直接调用，以节省时间，提高工作效率。目前市面上有大量室内家具模型库出售，平时读者也可以在工作时收集，以积累起自己的家具模型库。

（1）导入AutoCAD图形

绘制效果图之前，应向室内设计师索取相应的室内设计方案。如果有现成的室内施工图，则可以将其导入至3ds Max 2012，在它的基础上创建室内框架模型，从而提高工作效率。

1）启动3ds Max 2012，在菜单栏中执行"自定义"→"单位设置"命令，在弹出的"单位设置"对话框中，设置"显示单位比例"选项区中的"公制"为"毫米"。单击

"系统单位设置"按钮,在弹出的"系统单位设置"对话框中,进一步设置"系统单位比例"选项区中的各项参数值,如图8-1所示,以保持与室内施工图绘制单位一致。

2)在菜单栏中执行"文件"→"导入"→"导入"命令,在弹出的"选择要导入的文件"对话框中,选择"AutoCAD图形(*.DWG、*.DXF)"文件类型,选择配套素材中的项目8→实例文件夹→素材文件夹→"儿童卧室.dwg"文件,单击"打开"按钮,导入文件。

3)在弹出的"AutoCAD DWG/DXF导入选项"对话框中,单击"几何体"选项卡,在"按以下项导出AutoCAD图元"选项区中的下拉列表框中选择"层"选项,如图8-2所示。然后在"层"选项卡中选择需要导入的图层。

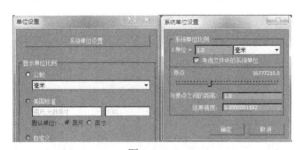

图 8-1   图 8-2

4)单击"确定"按钮导入CAD图形,如图8-3所示。

5)单击主工具栏中的"选择并移动"按钮，选择刚才导入的图形,在工作界面下方的状态栏中,将"X""Y""Z"轴的数值均设置设为"0.0",如图8-4所示,以方便模型的创建。

图 8-3   图 8-4

> 如果设计师提供的只是手绘草稿，则应该先使用AutoCAD绘制出必要的CAD图形，如平面设计图、顶棚图等，并主动与设计师进行沟通，充分理解设计师的设计意图，使最终的效果符合设计师的构想。

（2）创建卧室框架模型

导入AutoCAD图形后，即可在此基础上快速地创建墙体、地面和顶棚等基本框架模型。

1）单击主工具栏中的"层管理器"按钮，在打开的"层：原始图形"对话框中选择"原始图形"，单击"冻结"图标，避免误选或误移动导入的AutoCAD图形，如图8-5所示。

2）按住主工具栏中的"捕捉开关"按钮，选择2.5维捕捉功能后，单击鼠标右键弹出"栅格和捕捉设置"对话框，设置"捕捉"的类型为"顶点"，如图8-6所示。

3）由于系统默认捕捉对冻结对象无效，因此需要在"选项"选项卡中勾选"捕捉到冻结对象"复选框，如图8-7所示。

图 8-5

图 8-6

图 8-7

4）在菜单栏中执行"创建"→"图形"→"线"命令，捕捉卧室平面图内侧墙体线，绘制一条封闭线段，如图8-8所示。

图 8-8

> 为便于选择导入AutoCAD图形的捕捉点，可以根据需要按住键盘上的〈I〉键，同时进行捕捉。

5）选择刚才绘制的封闭线段，在"修改"命令面板的"修改器列表"下拉列表框中选择"挤出"修改器，展开"参数"卷展栏，设置挤出的"数量"为2700，如图8-9所示。

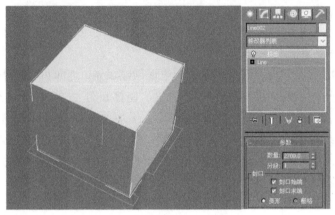

图 8-9

6）选择挤出的墙体，单击鼠标右键，在弹出的快捷菜单中选择"对象属性"选项，在弹出的"对象属性"对话框中，勾选"常规"选项卡中的"背面消隐"复选框，如图8-10所示。

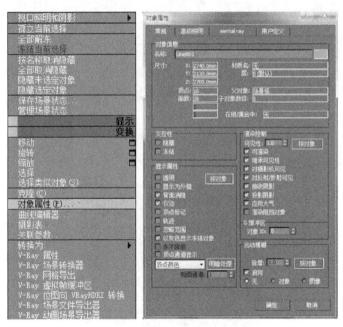

图 8-10

提示

为场景对象添加修改器，既可以从"修改器"菜单中选取，也可以直接从"修改"命令面板的"修改器列表"下拉列表框中选择。

7）在"修改"命令面板的"修改器列表"下拉列表框中选择"法线"修改器，展开"参数"卷展栏，勾选"翻转法线"复选框。翻转挤出对象表面的法线方向，使其向内可见，得到由墙体、地面和顶棚合围而成的封闭空间，如图8-11所示。

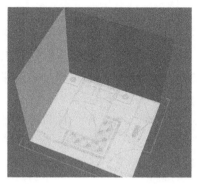

图 8-11

2．制作梯形石膏顶角线模型

在原始平面图上使用"样条线轮廓"命令，可以快速完成梯形石膏顶角线模型的创建。

（1）创建梯形石膏顶角线模型

1）单击主工具栏中的"层管理器"按钮，在弹出的"层"对话框中，单击"创建新层"按钮，创建新图层并命名为"吊顶"。

2）创建梯形顶角线底部模型。选择导入的AutoCAD平面图，在菜单栏中执行"创建"→"图形"→"线"命令，捕捉卧室平面图内侧墙体线，绘制一条封闭线段，如图8-12所示。按〈Alt+Q〉快捷键，进入孤立模式，防止刚才完成的模型被误操作。单击"修改"命令面板"选择"卷展栏中的"样条线"按钮。设置"几何体"卷展栏中的"轮廓"数值为40。在"修改"命令面板中选择"挤出"修改器，展开"参数"卷展栏，设置挤出的"数量"为80，完成梯形顶角线底部模型的创建。

3）创建梯形顶角线顶部模型。再次执行步骤2）的操作，其中"挤出"的"数量"设置为40，完成梯形顶角线顶部模型的创建。在前视图中单击"选择并移动"按钮，将梯形顶角线模型移动到顶棚的位置，如图8-13所示。

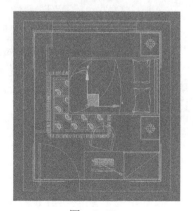

图 8-12　　　　　　　　　　　　　图 8-13

提示　　为了简化场景，便于场景操作，可暂时隐藏未用的客厅平面图。

（2）墙体及石膏顶角线材质贴赋

1）指定V-Ray渲染器。在菜单栏中执行"渲染"→"渲染设置"命令，快捷键为〈F10〉，打开"渲染设置"对话框，单击"公用"选项卡，在"指定渲染器"卷展栏中单击"产品级"右侧的"选择渲染器"按钮，在弹出的对话框中指定渲染器为"V-Ray"，单击"保存为默认设置"按钮，如图8-14所示。

2）墙体及石膏顶角线材质贴赋。按〈M〉键打开"材质编辑器"，单击"标准"按钮，在弹出的"材质/贴图浏览器"对话框中，展开"V-Ray"卷展栏，双击其中的"VRayMtl"，对材质球进行调节，命名为"乳胶漆"，如图8-15所示。

图 8-14 　　　　　　　　　　　　　图 8-15

3）墙体及石膏顶角线的"乳胶漆"材质调节参数如图8-16所示。

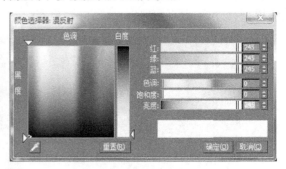

图 8-16

提示

当所有场景对象创建完成后，场景将会变得很复杂，此时再从场景中选择对象并指定材质会变得非常困难，且容易遗漏。所以，在创建完一个场景对象后，有必要及时为其指定一个材质示例窗，并设置一种不同的漫反射颜色，以便于区分其他场景对象，具体材质参数可以在材质编辑环节仔细设置。在指定材质时，应根据材质的特点为其命名，如"乳胶漆""油亮的木纹""不锈钢"等，这些材质名称比"墙体""桌面""地板"等更容易理解。

3．制作窗洞和窗模型

本项目制作的是卧室的日光效果，窗洞是室外太阳光的入口，下面采用编辑多边行的方法完成窗模型的创建。使用编辑多边形的方法可以获得最为精简的模型。

（1）创建窗洞和窗模型

1）单击主工具栏中的"层管理器"按钮，在弹出的"层"对话框中，单击"创建新层"按钮，创建新图层并命名为"窗"。

2）选择墙体框架模型，按〈Alt+Q〉快捷键，进入孤立模式。在"修改"命令面板"修改器列表"的下拉列表框中选择"编辑多边形"修改器，按〈2〉键进入"边"子对象层级，如图8-17所示。

3）设置窗洞高度。选择窗所在墙体的上下两条边，展开"修改"命令面板的"编辑边"卷展栏，单击"连接"按钮右侧的设置按钮，如图8-18所示。在弹出的"连接边"对话框中，设置连接边的"分段"为2，分别单击"应用"按钮和"确定"按钮，得到4条由垂直和水平线连接的窗洞外框线，如图8-19所示。

图　8-17

图　8-18

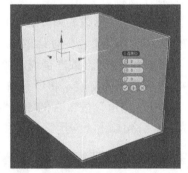

图　8-19

4）调整窗洞位置。在透视视图中，选择窗洞的顶端线，调整状态栏中的"Z"坐标数值为2500。再选择窗洞的底端线，调整状态栏的"Z"坐标数值为800，如图8-20所示。

5）设置窗洞深度。按〈4〉键进入"修改"命令面板的"多边形"子对象层级，选择由4条连接边所构成的窗洞外框线，在"修改"命令面板中展开"编辑多边形"卷展栏，单击"挤出"按钮右侧的设置按钮，在弹出的"挤出多边形"对话框中设置挤出的"高度"为-180，得到的窗洞如图8-21所示。单击"确定"按钮关闭"挤出多边形"对话框。

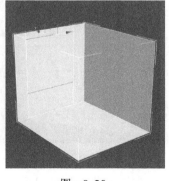

图　8-20

6）分离窗洞模型。在"修改"命令面板的"编辑几何体"卷展栏中，单击"分离"按钮，如图8-22所示，将窗洞分离成单独的模型。

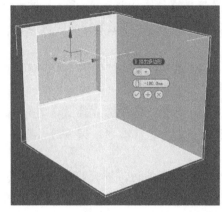

图 8-21　　　　　　　　　　图 8-22

7）制作窗框水平轮廓线。在"修改"命令面板"修改器列表"的下拉列表框中选择"编辑多边形"修改器，按〈2〉键进入"边"子对象层级。选择分离后的窗洞模型，展开"修改"命令面板的"编辑边"卷展栏，单击"连接"按钮右侧的设置按钮，在弹出的"连接边"对话框中设置连接边的"分段"为1，分别单击"应用"按钮和"确定"按钮，得到一条水平连线，如图8-23所示。

8）制作窗框垂直轮廓线。将刚才的水平连线选中后，再加选原有窗洞模型的上下两条水平线，展开"修改"命令面板的"编辑边"卷展栏，单击"连接"按钮右侧的设置按钮，在弹出的"连接边"对话框中设置连接边的"分段"为1，分别单击"应用"按钮和"确定"按钮，得到一条垂直线，如图8-24所示。

9）设置窗框的宽度。将所有窗框轮廓线选中，展开"修改"命令面板的"编辑边"卷展栏，单击"切角"按钮右侧的设置按钮，在弹出的"切角"对话框中设置边切角的"数量"为30，分别单击"应用"按钮和"确定"按钮，如图8-25所示。

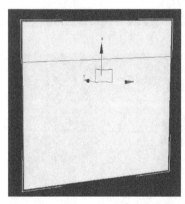
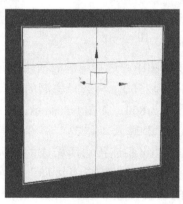
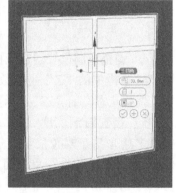

图 8-23　　　　　　　图 8-24　　　　　　　图 8-25

10）制作窗框的厚度。分别选中窗框隔开的4个矩形模型，如图8-26所示。展开"修改"命令面板的"编辑多边形"卷展栏，快捷键为〈4〉，单击"挤出"按钮右侧的设置按钮，在弹出的"挤出多边形"对话框中，设置挤出量的"高度"数值为-30，分别单击"应用"按钮和"确定"按钮，如图8-27所示。

11）分离窗玻璃。选择刚才挤出的4个矩形，展开"修改"命令面板的"编辑几何体"卷展栏，单击"分离"按钮，将窗洞分离成单独的窗玻璃模型，如图8-28所示。

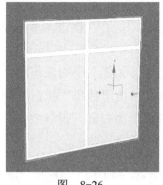

图　8-26　　　　　　　　　　图　8-27　　　　　　　　　　图　8-28

（2）设置窗户玻璃材质参数

1）设置玻璃材质参数。按〈Alt+Q〉快捷键，进入孤立模式。按〈M〉键打开"材质编辑器"，选择一个新的材质球，单击"标准"按钮，在弹出的"材质/贴图浏览器"对话框中，展开"V-Ray"卷展栏，双击其中的"VRayMtl"，对材质球进行调节并命名为"玻璃"。

2）在"反射"选项区中，设置"反射"的"亮度"数值为255，勾选"菲涅耳反射"复选框。在"折射"选项区中，设置"折射"的"亮度"数值为245，勾选"影响阴影"复选框，如图8-29所示。在视口中选择刚才分离的窗玻璃模型，单击"将材质指定给选定对象"按钮，贴赋材质。

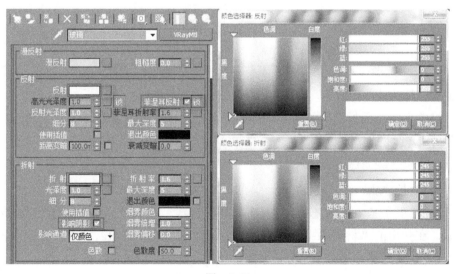

图　8-29

4. 制作门洞和门模型

（1）创建门洞和门模型

1）选择墙体框架模型，按〈Alt+Q〉快捷键，进入孤立模式。在"修改"命令面板的

"修改器列表"下拉列表框中选择"编辑多边形"修改器,按〈2〉键进入"边"子对象层级,选择门所在墙体的左右两条边,如图8-30所示。

2)制作门洞高度。展开"修改"命令面板的"编辑边"卷展栏,单击"连接"按钮右侧的设置按钮,在弹出的"连接边"对话框中设置连接边的"分段"为1,得到门洞的顶端线,如图8-31所示。单击"确定"按钮关闭"连接边"对话框。按〈P〉键进入透视视图,在状态栏中将"Z"坐标数值设置为2100。

3)制作门洞深度。按〈4〉键进入"修改"命令面板的"多边形"子对象层级,选择由4条连接边所构成的多边形,展开"编辑多边形"卷展栏,单击"挤出"按钮右侧的设置按钮,在弹出的"挤出多边形"对话框中设置挤出的"高度"为-180,得到的门洞如图8-32所示。单击"确定"按钮关闭"挤出多边形"对话框。

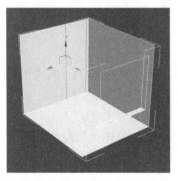 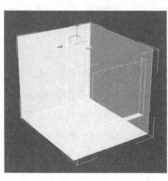 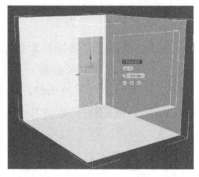

图 8-30　　　　　　　图 8-31　　　　　　　图 8-32

提示

为避免门洞和墙体接缝处出现透光现象,建议保留门洞的挤出面。

（2）分离棚顶面与地面

在"修改"命令面板的"编辑几何体"卷展栏中,单击"分离"按钮,将棚顶面和地面分别分离成单独的模型。

5．制作墙体壁纸效果

（1）墙体材质贴赋

1)墙体材质命名。按〈M〉键打开"材质编辑器",选择一个新的材质球,单击"标准"按钮,在弹出的"材质/贴图浏览器"对话框中,展开"V-Ray"卷展栏,双击其中的"VRayMtl",对材质球进行调节并命名为"壁纸"。

2)壁纸材质贴赋。单击"漫反射"选项右侧的设置按钮,在弹出的"材质/贴图浏览器"对话框中,选择"位图"并双击,如图8-33所示。在弹出的"选择位图图像文件"对话框中,选择配套素材中的项目8→实例文件夹→素材文件夹→"壁纸.jpg"素材并双击,其他参数保持默认设置即可。

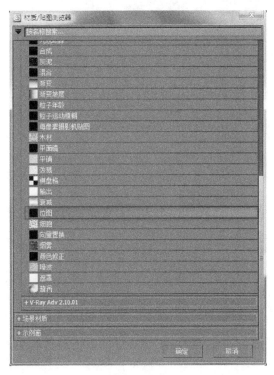

图 8-33

（2）设置墙体壁纸参数

1）设置墙体壁纸贴图尺寸。选择墙体框架模型，按〈M〉键，在弹出的"材质编辑器"对话框中，单击"将材质指定给选定对象"按钮，再单击"视口中显示明暗处理材质"按钮。单击"修改"命令面板，选择"修改器列表"下拉列表框中的"UVW贴图"，选中"参数"卷展栏"贴图"选项区中的"长方体"单选按钮，设置"长度""宽度""高度"数值均为400，如图8-34所示。

2）设置材质包裹器参数。按〈M〉键，在弹出的"材质编辑器"对话框中，选择"壁纸"材质球，单击"VRayMtl"按钮，在弹出的"材质/贴图浏览器"对话框中，双击"V-Ray"卷展栏下的"VR_材质包裹器"选项，如图8-35所示。在弹出的"替换材质"对话框中，选中"将旧材质保存为子材质"单选按钮，单击"确定"按钮，如图8-36所示。在"VR-材质包裹器参数"卷展栏中，设置"产生全局照明"数值为0.8，此时看不到墙面壁纸效果，需要单击"基本材质"右侧的"壁纸"按钮（见图8-37），进入材质球的基本参数后，再单击"视口中显示明暗处理材质"按钮，即可看到墙体附着壁纸后的效果。

图 8-34

图 8-35

图 8-36

图 8-37

提示

设置材质包裹器参数可防止纯色物体溢光后影响整体色彩效果。

6. 制作地板、家具、布艺、白钢、茶镜效果

（1）制作地板效果

1）地板材质贴赋。选择分离后的地面模型，按〈M〉键，在弹出的"材质编辑器"对话框中，选择一个新的材质球。单击"标准"按钮，在弹出的"材质/贴图浏览器"对话框中，选择"V-Ray"选项，双击其中的"VRayMtl"材质，对材质球进行调节并命名为"地板"。单击"漫反射"选项右侧的设置按钮，在"标准"卷展栏中，选择"位图"并双击，在弹出的"选择位图图像文件"对话框中，选择配套素材中的项目8→实例文件夹→素

材文件夹→"地板.jpg"素材并双击，如图8-38所示。

2）设置地板材质参数。单击"反射"选项右侧设置按钮，在弹出的"材质/贴图浏览器"对话框中，双击"标准"卷展栏中的"衰减"选项，展开"衰减参数"卷展栏，在"前：侧"选项区中单击"白色"色块，设置颜色选择器的颜色数值为（红：200，绿：219，蓝：255）。在"衰减类型"下拉列表框中选择"Fresnel"选项，设置"折射率"为1.6，如图8-39所示。单击"转到父对象"按钮，展开"基本参数"卷展栏，在"反射"选项区中设置"高光光泽度"为0.65、"反射光泽度"为0.88，如图8-40所示。

图　8-38　　　　　　　　　　　　　　图　8-39

图　8-40

（2）设置家具参数

1）导入家具模型。在菜单栏中执行"文件"→"导入"→"合并"命令，如图8-41所示。在弹出的"合并文件"对话框中，选择配套素材中的项目8→实例文件夹→素材文件夹→"儿童卧室家具组.max"文件，单击"确定"按钮导入。调整"儿童卧室家具组"模型的位置，如图8-42所示。

2）设置家具的白色油漆材质参数。按〈M〉键，在弹出的"材质编辑器"对话框中，选择一个新的材质球，命名为"白色油漆"。展开"基本参数"卷展栏，将"漫反射"选项区中的亮度数值设置为255，将"反射"选项区中的"高光光泽度"设置为0.88、"反射光泽度"设置为0.88、"细分"设置为12，如图8-43所示，拖曳此材质赋给家具模型。

（3）设置床单材质参数

按〈M〉键，在弹出的"材质编辑器"对话框中，选择一个新的材质球并命名为"床单"。展开"基本参数"卷展栏，将"漫反射"选项区中的"红"数值设置为96，"绿"数值设置为155，"蓝"数值设置为183，如图8-44所示，拖曳此材质赋给床单模型。

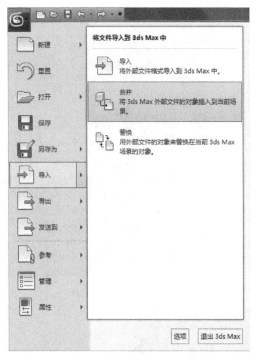

图 8-41

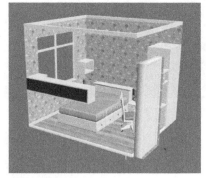

图 8-42

图 8-43

图 8-44

（4）设置椅面布艺参数

1）椅面材质命名。按〈M〉键，在弹出的"材质编辑器"对话框中，选择一个新的材质球。单击"标准"按钮，在弹出的"材质/贴图浏览器"对话框中，展开"V-Ray"卷展栏，双击其中的"VRavMtl"材质，对材质球进行调节并命名为"布艺"。

2）设置椅面材质参数。展开"基本参数"卷展栏，单击"漫反射"选项右侧的设置按钮，在"标准"卷展栏中选择"位图"并双击，在弹出的"选择位图图像文件"对话框，选择配套素材中的项目8→实例文件夹→素材文件夹→"布艺.jpg"素材，拖曳此材质贴赋到椅面上，将"漫反射"选项区中的"红"数值设置为157，"绿"数值设置为150，"蓝"数值设置为143，如图8-45所示，将此材质赋给椅面模型。

图 8-45

（5）设置白钢门把手参数

1）门把手命名。按〈M〉键，在弹出的"材质编辑器"对话框中，选择一个新的材质球。单击"标准"按钮，在弹出的"材质/贴图浏览器"对话框中，选择"V-Ray"选项，双击其中的"VRavMtl"材质，对材质球进行调节并命名为"白钢"。

2）设置白钢门把手参数。展开"基本参数"卷展栏，将"漫反射"选项区中的"红"数值设置为50，"绿"数值设置为50，"蓝"数值设置为50。将"反射"选项区中的"红"数值设置为184，"绿"数值设置为192，"蓝"数值设置为200。在"反射"选项区设置"高光光泽度"为0.8、"反射光泽度"为0.9、"细分"为12、"最大深度"为2，如图8-46所示，将此材质赋给门把手模型。

图 8-46

（6）设置吊柜内侧茶镜参数

1）吊柜内侧材质命名。按〈M〉键，在弹出的"材质编辑器"对话框中，选择一个新的材质球，单击"标准"按钮，打开"材质/贴图浏览器"，选择"V-Ray"选项，双击其中的"VRavMtl"材质，对材质球进行调节并命名为"茶镜"。

2）设置吊柜内侧茶镜参数。展开"基本参数"卷展栏，将"漫反射"选项区中的"红"数值设置为29，"绿"数值设置为18，"蓝"数值设置为9。将"反射"选项区中的"红"数值设置为100，"绿"数值设置为62，"蓝"数值设置为31，如图8-47所示，拖曳此材质赋给吊柜内侧模型。

图 8-47

7. 布置室内灯光

当使用V-Ray灯光时，灯光数量和数值的大小可以根据户型格局的需要进行调整。

（1）制作自然太阳光照效果

1）创建模拟太阳光。在"创建"命令面板中单击"灯光"按钮，在下拉列表框中选择"VRay"选项，单击"VR-光源"，在视口中单击拖曳。展开"参数"卷展栏，设置"类型"为"球体"，在"亮度"选项区中设置"倍增器"为1000，设置"模式"为"颜色"。单击"颜色"色块，在弹出的"颜色选择器"对话框中，设置"红"数值为255，"绿"数值为202，"蓝"数值为119，关闭对话框。在"选项"选项区中勾选"投射阴影""不可见""忽略灯光法线""影响高光""影响反射"5个复选框。设置"采样"选项区中的"细分"为30，如图8-48所示。

图 8-48

2）调整灯光分布位置。在顶视图中将灯光位置调整到如图8-49所示的位置。在左视图中将灯光位置调整到如图8-50所示的位置。

图 8-49

图 8-50

（2）制作窗口光照效果

1）创建窗口光源。选择窗框模型，按〈Alt+Q〉快捷键，进入孤立模式。按〈F〉键进入前视图，按〈S〉键打开捕捉开关。在"创建"命令面板中单击"灯光"按钮，在下拉列表框中选择"VRay"选项，单击"VR光源"，展开"参数"卷展栏，将"类型"设置为"平面"。

2）调整窗口光源位置。从窗口左上角开始拖曳鼠标到窗口右下角，即全选窗口，如图8-51所示。在前视图中将灯光调整到窗框中线位置，光线朝向室内，灯光位置如图8-52所示。

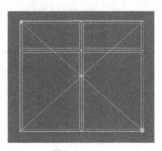

图 8-51

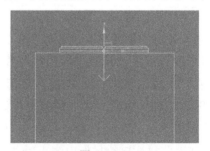

图 8-52

3）设置窗口光源参数。设置"亮度"选项区中的"倍增器"为4，设置"模式"为"颜色"，单击"颜色"色块，设置"红"数值为201，"绿"数值为220，"蓝"数值为255，关闭对话框。在"选项"选项区中勾选"投射阴影""不可见""忽略灯光法线""影响高光""影响漫反射"5个复选框。设置"细分"为30，如图8-53所示。

（3）制作补光效果

1）创建补光光源。按〈F〉键进入前视图，在"创建"命令面板中单击"灯光"按钮，在下拉列表框中选择"光度学"选项，单击"目标灯光"，在视口中单击拖曳。展开"常规参数"卷展栏，在"阴影"选项区中勾选"启用"和"使用全局设置"两个复选框，并在下拉列表框中选择"VRayShadow"选项。在"灯光分布（类型）"选项区，选择"光度学Web"选项。单击"分布（光度学Web）"卷展栏中的"选择光度学文件"按钮，在弹出的"打开光域Web文件"对话框中，选择配套素材中的项目8→实例文件夹→素材文件夹→"光域文件.ies"文件。

2）设置补光光源参数。展开"强度/颜色/衰减"卷展栏，在"颜色"选项区中，单击"过滤颜色"后的色块，设置"红"数值为254，"绿"数值为188，"蓝"数值为117。在"强度"选项区中选中"lm"单选按钮，设置其数值为1000。展开"VRayShadows params"卷展栏，设置"细分"为20，如图8-54所示。补光位置如图8-55所示。

图 8-53

图 8-54

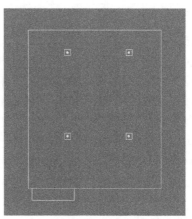

图 8-55

8. 创建摄像机

（1）创建摄像机

按〈T〉键进入顶视图，在"创建"命令面板中单击"摄像机"按钮，在下拉列表框中选择"标准"选项，单击"目标摄影机"，在视口中单击拖曳。展开"参数"卷展栏，设置"镜头"为20。在"剪切平面"选项区中勾选"手动剪切"复选框，设置"近距剪切"为300、"远距剪切"为6000，如图8-56所示。

（2）调整摄像机位置

1）调整摄像机角度。按〈L〉键进入顶视图，将摄像机角度调整到如图8-57所示的位置。

2）调整摄像机高度。按〈L〉键进入左视图，在状态栏中设置"Z"坐标数值为1300，如图8-58所示。

图 8-56

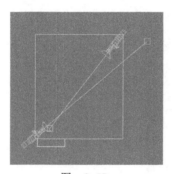
图 8-57

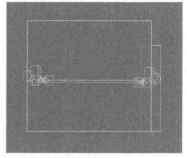
图 8-58

9. 导入室内装饰品

室内装饰品不仅可以丰富室内空间层次，更能彰显简约、现代、古典、中式、欧式等不同的装饰风格。成功的室内装饰品设置可以淋漓尽致地烘托出环境氛围，起到调节室内色彩、增添空间生机和活力的作用。

（1）导入室内装饰品

在菜单栏中执行"文件"→"导入"→"合并"命令，在弹出的"合并文件"对话框中，选择配套素材中的项目8→实例文件夹→素材文件夹→"装饰品组.max"文件素材模型，单击"确定"按钮导入。调整"装饰品组"模型的位置，如图8-59所示。

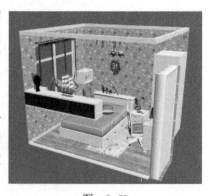
图 8-59

（2）查找装饰品丢失材质

按〈Shift+T〉快捷键，弹出"资源追踪"窗口，在"路径"选项上单击鼠标右键，在弹出的快捷菜单中选择"高亮显示可编辑的资源"命令。再选择已经使用的资源并单击鼠标右键，调出快捷菜单，选择"路径"→"设置路径"选项，如图8-60所示。在弹出的"指定资源路径"对话框中，选择丢失的材质。

图　8-60

提示

　　直接导入调用的装饰品，往往会出现材质丢失的现象，对于丢失的材质，可以按照原始导入时的路径查找。

10. V-Ray渲染输出

效果图在进行最终渲染之前，需要先认真测试渲染模型、材质和灯光效果。因为最终渲染可能是一个漫长的过程，一旦最终渲染输出的效果图存在问题，就要重新测试，更加费时费力，所以要确认无误后再开始最终的渲染输出。

（1）测试渲染

1）测试出图渲染。按〈F10〉键，在弹出的"渲染设置"窗口中，设置"公用参数"卷展栏下的"输出大小"选项区的图像宽高尺寸为320×240。

2）勾选"渲染输出"选项区中的"保存文件"复选框，单击"文件"按钮，设置输出图像的保存位置、文件名和类型。为了保存分离透明窗玻璃与背景的AIpha通道，应选择支持AIpha通道保存的文件格式，即"*.tga"或"*.tif"格式，如图8-61所示。

图　8-61

为了提高测试渲染的速度，通常将测试渲染的图像尺寸设置得较小。

3）若保存为"*.tga"格式，单击"保存"按钮后，会弹出"图像控制"对话框，勾选"预乘Alpha"复选框，才能保存Alpha通道，如图8-62所示。

4）在"V-Ray基项"选项卡中，展开"V-Ray帧缓存"卷展栏，勾选"启用内置帧缓存"复选框，如图8-63所示。

图 8-62

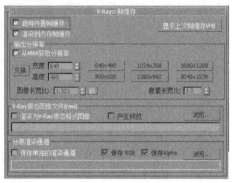

图 8-63

5）在"V-Ray图像采样器（抗锯齿）"卷展栏中，设置"图像采样器"的"类型"为"固定"。在"抗锯齿过滤器"选项区中，取消勾选"开启"复选框，如图8-64所示。

6）在"V-Ray颜色映射"卷展栏中，设置"类型"为"VR_指数"，设置"暗倍增"数值为1.3、"亮倍增"为1.1，勾选"子像素映射""钳制输出""影响背景"3个复选框，如图8-65所示。

图 8-64

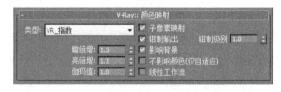

图 8-65

7）在"V-Ray间接照明（全局照明）"卷展栏中，设置"首次反弹"选项区中的"倍增"为1.0、"全局光引擎"为"发光贴图"。在"二次反弹"选项区中，设置"倍增"为0.9、"全局光引擎"为"灯光缓存"，如图8-66所示。

8）在"V-Ray发光贴图"卷展栏中，设置"内建预置"选项区中的"当前预置"为"非常低"。设置"基本参数"选项区中的"半球细分"为30、"插值采样值"为20。勾选"选项"选项区中的"显示计算过程"和"显示直接照明"两个复选框，如图8-67所示。

9）在"V-Ray灯光缓存"卷展栏中，设置"计算参数"选项区中的"细分"为100，勾选"保存直接光"和"显示计算状态"两个复选框，如图8-68所示。

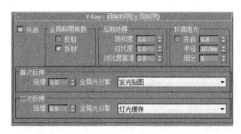 

图 8-66　　　　　　　　　　　　　　　图 8-67

图 8-68

10）在"设置"选项卡的"V-Ray DMC采样器"卷展栏中，设置"自适应数量"为0.75、"噪波阈值"为0.003。

（2）最终出图渲染

1）最终出图渲染。按〈F10〉键，在弹出的"渲染设置"窗口中，展开"公用参数"卷展栏，设置"输出大小"选项区中的"宽度"为1024、"高度"为768，即设置渲染输出图像的宽高尺寸。在"渲染输出"选项区中，勾选"保存文件"复选框，如图8-69所示。

图 8-69

提示

　　效果图在最终渲染输出时，应根据实际用途确定渲染输出尺寸，通常设置的尺寸会比测试出图时设置的大。

2）单击"文件"按钮，设置输出图像的保存位置、文件名和类型。为了保存分离透明窗玻璃与背景的Alpha通道，应选择"*.tga"或"*.tif"格式，这两种格式能保存Alpha通道。

3）若保存为"*.tga"格式，单击"保存"按钮后，会弹出"图像控制"对话框，勾选"预乘Alpha"复选框，才能保存Alpha通道，如图8-70所示。

4）在"V-Ray"选项卡中，展开"V-Ray帧缓存"卷展栏，勾选"启用内置帧缓存"和"渲染到内存帧缓存"两个复选框，如图8-71所示。

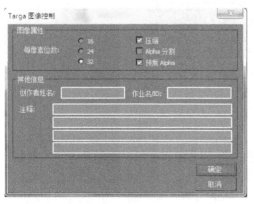

图 8-70   图 8-71

5）在"V-Ray图像采样器（抗锯齿）"卷展栏中，设置"图像采样器"的"类型"为"自适应细分"。勾选"抗锯齿过滤器"选项区中的"开启"复选框，在下拉列表框中选择"Catmull-Rom"选项，如图8-72所示。

6）在"V-Ray自适应图像细分采样器"卷展栏中，设置"最小采样比"为1，如图8-73所示。

图 8-72   图 8-73

7）在"V-Ray颜色映射"卷展栏中，设置"类型"为"VR_指数"，设置"暗倍增"为1.3、"亮倍增"为1.1。勾选"子像素映射""钳制输出""影响背景"3个复选框，如图8-74所示。

8）在"V-Ray间接照明（全局照明）"卷展栏中，设置"首次反弹"选项区中的"倍增"为1.0、"全局光引擎"为"发光贴图"。设置"二次反弹"选项区中的"倍增"为0.9、"全局光引擎"为"灯光缓存"，如图8-75所示。

9）在"V-Ray发光贴图"卷展栏中，设置"内建预置"选项区中的"当前预置"为"中"。设置"基本参数"选项区中的"半球细分"为50、"插值采样值"为35，勾选"选项"选项区中的"显示计算过程"和"显示直接照明"两个复选框，如图8-76所示。

10）在"V-Ray灯光缓存"卷展栏中，设置"计算参数"选项区中的"细分"为1000，勾选"保存直接光"和"显示计算状态"两个复选框。设置"重建参数"选项区中的"预先过滤"为10，10为默认数值，如图8-77所示。

图8-74

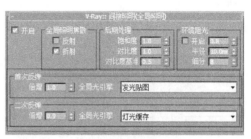

图 8-75

图 8-76

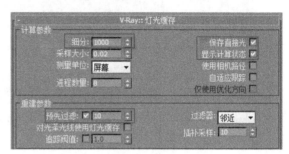

图 8-77

11）在"设置"选项卡的"V-Ray DMC采样器"卷展栏中，设置"自适应数量"为0.75、"噪波阈值"为0.003、"最小采样"为15，如图8-78所示。

图 8-78

11. Photoshop后期处理

在3ds Max 2012中渲染输出的图像往往不是十分完美，常存在颜色较灰、光感不强等问题，有时甚至存在一些缺陷。如果在3ds Max 2012中解决这些问题，往往要花费大量的时间，调整起来也比较麻烦，而具有强大平面处理功能的Photoshop软件，则为这些问题的轻松解决提供了专业化的平台。因此，对效果图进行后期处理是一个必不可少的环节，它可以使效果图的视觉效果获得质的飞跃。

在对渲染输出的效果图进行后期处理时，要找出图中存在的问题，有针对性地完成修整工作，同时还要兼顾整体效果，做到局部修整协调于全局需要，这样才能得到高质量的效果图。

（1）打开渲染图像

1）启动Photoshop软件，在菜单栏中执行"文件"→"打开"命令，在弹出的"打开"对话框中，选择要进行渲染输出的"儿童卧室效果图1"并单击"确定"按钮打开文件，如

图8-79所示。

2）在菜单栏中执行"图层"→"新建"→"通过拷贝的图层"命令，快捷键为〈Ctrl+J〉，复制一个与原图层一样的"图层1"，在"图层"面板中选中"图层1"，如图8-80所示。

图 8-79   图 8-80

3ds Max 2012中渲染输出的图像通常会出现图面发灰、阴影细节不够、阴影关系不正确等现象，在Photoshop中可使用"色阶""曲线""亮度/对比度""色彩平衡"等命令，从整体到局部进行调整与修正。

（2）整体效果调整

1）在菜单栏中执行"图像"→"调整"→"曲线"命令，快捷键为〈Ctrl+M〉，在"曲线"对话框中设置"输出"为140、"输入"为120，如图8-81所示。

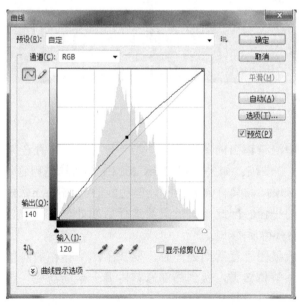

图 8-81

2）在菜单栏中执行"图像"→"调整"→"亮度/对比度"命令，在"亮度/对比度"对话框中设置"亮度"为10、"对比度"为5，如图8-82所示。

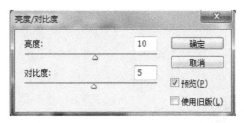

图 8-82

3）在工具栏中选择"色彩减淡"工具，针对天花图上比较暗的地方做色彩减淡处理，使其看上去更明亮一些，避免效果图中出现头重脚轻的色彩效果，最终效果如图8-83所示。

图 8-83

4）由于渲染出的每张效果图的色彩效果都不同，因此可以参照上述步骤及方法，灵活地进行调整。

项目总结

通过儿童卧室的制作，从中了解并掌握效果图制作的整个流程，重点在于使用3ds Max软件及V-Ray插件综合模拟现实世界中的真实光照。在这个环节中，读者要通过示例的学习并结合对现实世界中光线的分析，制作出高仿真的效果。后期部分则通过Photoshop软件，解决3ds Max软件及V-Ray插件制作的不足之处，将画面效果处理到最理想的状态。整个过程要求活学活用，在最短的时间内制作出满意的效果，最大程度地发挥软件的功效。

项目 **9**
现代客厅实战

项目概述

现代客厅效果图制作，是综合性运用前几章所学知识与技能的实训项目。通过本项目，读者能熟悉效果图制作的全过程，掌握效果图绘制的综合制作方法及技巧。

任务 制作现代客厅

 任务分析

本任务从导入CAD平面图创建客厅框架模型入手，依次完成门窗、吊顶和电视背景墙等模型的创建，以及乳胶漆、地板、家具、布艺、黑镜等材质的设置贴赋，最后布置光源和摄像机，渲染输出效果图。

 任务目标

本任务侧重吊顶和背景墙的建模、电视背景墙光源带的设置，以及V-Ray材质贴赋调节、V-Ray光源分布设置、摄像机设置和Photoshop后期处理等方式方法，读者通过本项目的实训操作，能达到巩固建模水平，提高V-Ray插件综合运用水平的目标。

 **任务热身**

客厅是一家人日常生活起居的主要空间，同时还兼具接待客人的作用。客厅，往往最显示一个人的个性和品位。在家居装潢中，人们越来越重视对客厅的设计。

1. 客厅空间的设计应遵循宽敞化的原则

客厅是家居中最主要的公共活动空间之一，不管空间是大还是小，确保空间的高度和宽敞的感觉是一件非常重要的事，这可以为居住者带来轻松的心境和欢愉的心情。另外，客厅的位置一般离主入口较近，要避免别人一进门就对其一览无余，最好在入口处设置玄关。

2. 客厅交通及通风、采光应注重最优化的原则

客厅的交通及通风采光的设计应是最为顺畅的。客厅的交通无论是侧边通过式的还是中间横穿式的，都应确保进入客厅或通过客厅的顺畅。而最优化的通风采光设计则是客厅设计的最基本要求。

3. 客厅的照明设计应遵循最亮化的原则

客厅应是整个居室光线（不管是自然采光还是人工采光）最亮的地方。会客区的照明方式一般采用直接照明，灯具以吸顶灯或吊灯为主作为基础照明，当迎送客人时最能显出其优势。其他区域可选用筒灯、落地灯、壁灯等作为区域照明和调节氛围。

4. 客厅家具的布置应灵活化处理

客厅家按照功能可划分为会客区、视听区、储藏展示区等。会客区沙发的放置可以参照"L"型、"C"型、"一"字形、"四方"形、对角线形、对称式、地台式等布置方式，同时还应考虑坐在沙发上向外看到的景观如何，门口能否看到沙发的正面等因素。视听区电视的放置需要考虑到反光的问题，电视的高度，应以人坐在沙发上平视电视屏幕中心为宜，电视柜的背景装饰墙如果具有中心倾向，那么应考虑与电视机的中心相呼应。另外，客厅还可放置贮藏柜、装饰柜等家具。以上这些家具的布置形式不是一成不变的，应该根据客厅的面积和形状灵活调整，与其他家具一起组成舒适、优雅、悦目的会客团聚中心。

任务实施

1. 制作墙体框架模型

（1）导入AutoCAD图形

1）启动3ds Max 2012，在菜单栏中执行"自定义"→"单位设置"命令，在弹出的"单位设置"对话框中，设置"显示单位比例"选项区中的"公制"为"毫米"。再单击"系统单位设置"按钮，在弹出的"系统单位设置"对话框中，进一步设置"系统单位比例"选项区中的各项数值，如图9-1所示，以保持与室内施工图绘制单位一致。

图 9-1

2）在菜单栏中执行"文件"→"导入"→"导入"命令，在弹出的"选择要导入的文件"对话框中，选择"AutoCAD图形（*.DWG、*.DXF）"文件类型，选择配套素材中的项目9→实例文件夹→素材文件夹→"客厅餐厅.dwg"文件，单击"打开"按钮，导入文件。

3）在弹出的"AutoCAD DWG/DXF导入选项"对话框中，单击"几何体"选项卡，在"按以下项导出AutoCAD图元"选项区中的下拉列表框中选择"层"选项，如图9-2所示。然后在"层"选项卡中选择需要导入的图层。

4）单击"确定"按钮导入CAD图形，如图9-3所示。

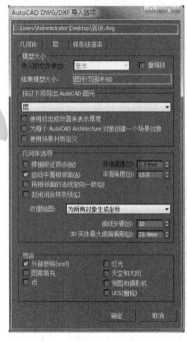 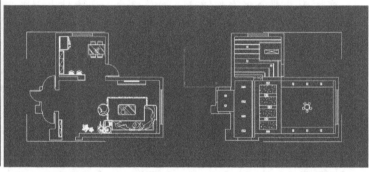

图 9-2   图 9-3

5）单击主工具栏中的"选择并移动"按钮■，选择刚才导入的图形，在工作界面下方的状态栏中，将"X""Y""Z"轴的数值均设置为"0.0"，如图9-4所示，以方便模型的创建。

图 9-4

（2）创建墙体框架模型

导入AutoCAD图形后，即可在此基础上快速地创建墙体、地面和顶棚等基本框架模型。

1）单击主工具栏中的"层管理器"按钮■，在打开的"层：原始图形"对话框中选择"原始图形"，单击"冻结"图标，避免误选或误移动导入的AutoCAD图形，如图9-5所示。

2）按住主工具栏中的"捕捉开关"按钮，选择2.5维捕捉功能后，单击鼠标右键，弹出"栅格和捕捉设置"对话框，设置"捕捉"的类型为"顶点"，如图9-6所示。

3）由于系统默认捕捉对冻结对象无效，因此需要在"选项"选项卡中勾选"捕捉到冻结对象"复选框，如图9-7所示。

  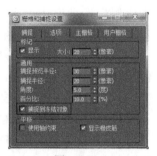

图 9-5   图 9-6   图 9-7

4）在菜单栏中执行"创建"→"图形"→"线"命令，捕捉客厅平面图内侧墙体线，绘制一条封闭线段，如图9-8所示。

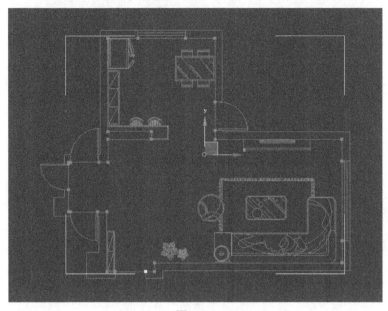

图 9-8

5）选择刚才绘制的封闭线段，在"修改"命令面板的"修改器列表"下拉列表框中选择"挤出"修改器，展开"参数"卷展栏，设置挤出的"数量"为2700，如图9-9所示。

6）选择挤出的墙体，单击鼠标右键，在弹出的快捷菜单中选择"对象属性"命令，在弹出的"对象属性"对话框中，勾选"常规"选项卡中的"背面消隐"复选框，如图9-10所示。

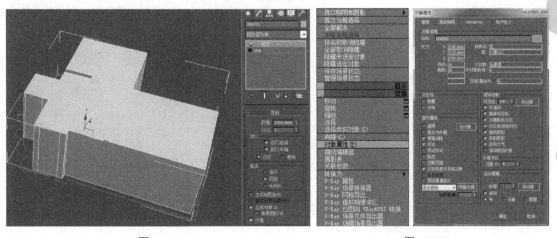

图 9-9   图 9-10

7）在"修改"命令面板的"修改器列表"下拉列表框中选择"法线"修改器，展开"参数"卷展栏，勾选"翻转法线"复选框。翻转挤出对象表面的法线方向，使其向内可见，得到由墙体、地面和顶棚合围而成的封闭空间，如图9-11所示。

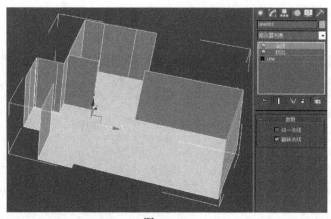

图 9-11

2．制作窗洞和窗模型

（1）创建窗洞和窗模型

1）单击主工具栏中的"层管理器"按钮 ，在弹出的"层"对话框中，单击"创建新层"按钮，创建新图层并命名为"窗"。

2）选择墙体框架模型，按〈Alt+Q〉快捷键，进入孤立模式。在"修改"命令面板的"修改器列表"下拉列表框中选择"编辑多边形"修改器，按〈2〉键进入"边"子对象层级，如图9-12所示。

3）制作窗洞连线。选择窗所在墙体的上下两条边，展开"修改"命令面板的"编辑边"卷展栏，单击"连接"按钮右侧的设置按钮，如图9-13所示。在弹出的"连接边"对话框中，设置连接边的"分段"为2，分别单击"应用"按钮和"确定"按钮，得到4条由垂直和水平线连接的窗洞外框线，如图9-14所示。

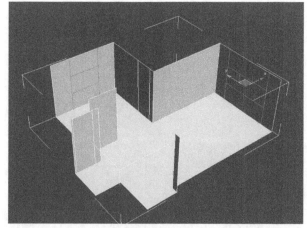

图 9-12   图 9-13   图 9-14

4）调整窗洞位置。在透视视图中，选择窗洞的顶端线，调整状态栏中的"Z"坐标数值为2500。再选择窗洞的底端线，调整状态栏的"Z"坐标数值为800，如图9-15所示。

5）设置窗洞深度。按〈4〉键进入"修改"命令面板的"多边形"子对象层级，选择由4条连接边所构成的窗洞外框线，在"修改"命令面板中展开"编辑多边形"卷展栏，单

击"挤出"按钮右侧的设置按钮，在弹出的"挤出多边形"对话框中设置挤出的"高度"为
−180，得到的窗洞如图9-16所示。单击"确定"按钮关闭"挤出多边形"对话框。

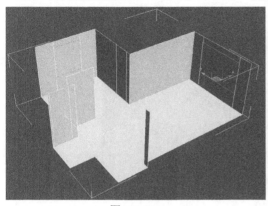
图 9-15

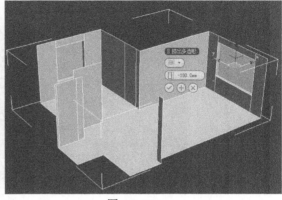
图 9-16

6）分离窗洞模型。在"修改"命令面板的"编辑几何体"卷展栏中，单击"分离"按钮，如图9-17所示，将窗洞分离成单独的模型。

7）制作窗框水平轮廓线。在"修改"命令面板的"修改器列表"下拉列表框中选择"编辑多边形"修改器，按〈2〉键进入"边"子对象层级。选择分离后的窗洞模型，展开"修改"命令面板的"编辑边"卷展栏，单击"连接"按钮右侧的设置按钮，在弹出的"连接边"对话框中设置连接边的"分段"为1，分别单击"应用"按钮和"确定"按钮，得到一条水平连线，如图9-18所示。

图 9-17

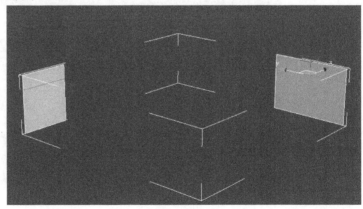
图 9-18

8）制作窗框垂直轮廓线。将刚才的水平连线选中后，再加选原有窗洞模型的上下两条水平线，展开"修改"命令面板的"编辑边"卷展栏，单击"连接"按钮右侧的设置按钮，在弹出的"连接边"对话框中设置餐厅连接边的"分段"为1，分别单击"应用"按钮和"确定"按钮，得到一条垂直线。依照此方法设置客厅窗户的连接边的"分段"为2，得到两条垂直线，如图9-19所示。

9）设置窗框的宽度。将所有窗框轮廓线选中，展开"修改"命令面板的"编辑边"卷展栏，单击"切角"按钮右侧的设置按钮，在弹出的"切角"对话框中设置边切角的"数量"为30，分别单击"应用"按钮和"确定"按钮，如图9-20所示。

10）制作窗框的厚度。分别选中客厅、餐厅窗框隔开的矩形模型，如图9-21所示。展

开"修改"命令面板的"编辑多边形"卷展栏，快捷键为〈4〉，单击"挤出"按钮右侧的设置按钮，在弹出的"挤出多边形"对话框中，设置挤出量的"高度"为−30，分别单击"应用"按钮和"确定"按钮，如图9-22所示。

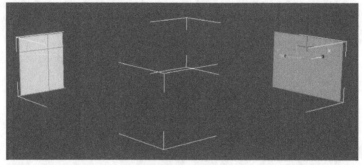

图 9-19

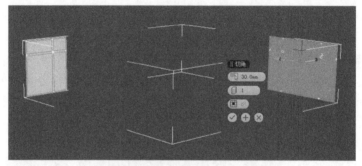

图 9-20

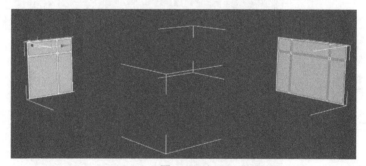

图 9-21

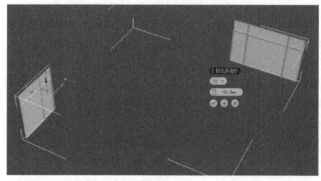

图 9-22

11）分离窗玻璃。选择刚才挤出的矩形，展开"修改"命令面板的"编辑几何体"卷展栏，单击"分离"按钮，将窗洞分离成单独的窗玻璃模型，如图9-23所示。

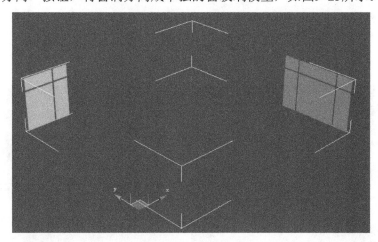

图 9-23

（2）设置窗户玻璃材质参数

1）设置玻璃材质参数。按〈Alt+Q〉快捷键，进入孤立模式。按〈M〉键，打开"材质编辑器"，选择一个新的材质球，单击"标准"按钮，在弹出的"材质/贴图浏览器"对话框中，展开"V-Ray"卷展栏，双击其中的"VRayMtl"，对材质球进行调节并命名为"玻璃"。

2）在"反射"选项区中，设置"反射"的亮度数值为255，勾选"菲涅耳反射"复选框。在"折射"选项区中，设置"折射"的亮度数值为245，勾选"影响阴影"复选框，如图9-24所示。在视口中选择刚才分离的窗玻璃模型，单击"将材质指定给选定对象"按钮，贴赋材质。

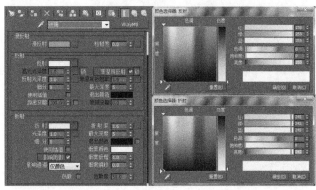

图 9-24

3．制作门洞和门模型

（1）创建门洞和门模型

1）选择墙体框架模型，按〈Alt+Q〉快捷键，进入孤立模式。在"修改"命令面板的"修改器列表"下拉列表框中选择"编辑多边形"修改器，按〈2〉键进入"边"子对象层级，选择入户门所在墙体的左右两条边，如图9-25所示。再依照此方法，分别制作厨房、卫生间、主卧和次卧门的两条边线。

2）制作门洞高度。展开"修改"命令面板的"编辑边"卷展栏，单击"连接"按钮右侧的设置按钮，在弹出的"连接边"对话框中设置连接边的"分段"为1，得到门洞的顶端线，如图9-26所示。单击"确定"按钮关闭"连接边"对话框。按〈P〉键进入透视视图，在状态栏中将"Z"坐标数值设置为2100。再依照此方法，分别制作厨房、卫生间、主卧和次卧门的高度。

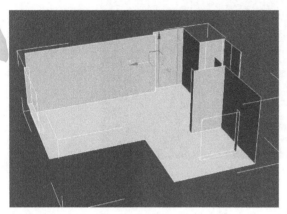 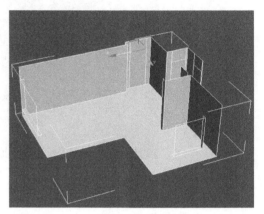

图　9-25　　　　　　　　　　　　　　　　图　9-26

3）制作门洞深度。按〈4〉键进入"修改"命令面板的"多边形"子对象层级，选择由4条连接边所构成的多边形，展开"编辑多边形"卷展栏，单击"挤出"按钮右侧的设置按钮，在弹出的"挤出多边形"对话框中设置挤出的"高度"为-180，得到的门洞如图9-27所示。单击"确定"按钮关闭"挤出多边形"对话框。再依照此方法，分别制作厨房、卫生间、主卧和次卧门的深度。

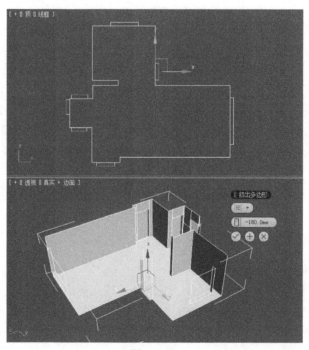

图　9-27

（2）分离棚顶面与地面

在"修改"命令面板的"修改器列表"下拉列表框中选择"编辑多边形"。在"选项"选项卡中单击"多边形"按钮，展开"编辑几何体"卷展栏，单击"分离"按钮，将地面与墙体分别分离成单独的模型。

4. 制作吊顶造型

从导入的天花图中可以看出，客厅、中厅、入户过廊和餐厅的吊顶造型比较规则，使用拉伸轮廓线的方法能够快速完成吊顶模型的创建。

（1）制作客厅吊顶造型

1）创建新层。单击主工具栏中的"层管理器"按钮，在弹出的"层"对话框中，单击"创建新层"按钮，创建新图层"吊顶"。

2）创建客厅吊顶模型。选择导入的AutoCAD天花图，在菜单栏中执行"创建"→"图形"→"线"命令，在顶视图中捕捉客厅天花图，创建一侧吊顶的轮廓线，绘制一个矩形后，在"创建"命令面板单击"图形"按钮，展开"对象类型"卷展栏，取消勾选"开始新图形"复选框，这样才能使刚才制作的矩形和下面将要制作的矩形关联在一起。再次捕捉客厅天花图，创建吊顶另一侧的轮廓线，绘制出另一个矩形后，如图9-28所示。在"修改器"命令面板中选择"挤出"修改器，展开"参数"卷展栏，设置挤出的"数量"为100，完成客厅吊顶模型，如图9-29所示。

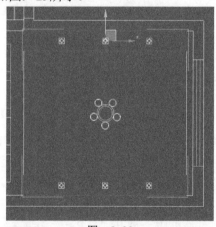

图 9-28

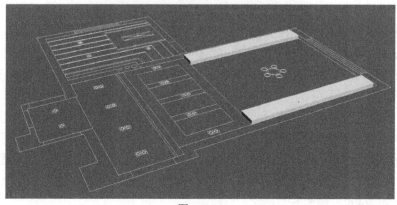

图 9-29

（2）制作中厅吊顶造型

中厅吊顶造型是在原墙面粘贴壁纸的基础上制作的石膏板吊顶。

1）创建石膏板吊顶。在菜单栏中执行"创建"→"图形"→"矩形"命令，在顶视图中捕捉中厅天花图，创建吊顶最外侧的轮廓线，绘制一个矩形后，在"创建"命令面板单击"图形"按钮，展开"对象类型"卷展栏，取消勾选"开始新图形"复选框。再次捕捉中厅天花图，依次创建吊顶内部的4个轮廓线，绘制出4个矩形，如图9-30所示。在"修改器"命令面板中选择"挤出"修改器，展开"参数"卷展栏，设置挤出的"数量"为100，完成中厅吊顶模型，如图9-31所示。

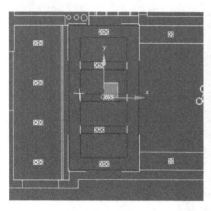

图 9-30   图 9-31

2）中厅吊顶壁纸材质贴赋。

① 制作矩形模型。在菜单栏中执行"创建"→"图形"→"矩形"命令，制作与刚才中厅吊顶外侧轮廓线等大的矩形。设置挤出数值为100。

② 指定V-Ray渲染器。在菜单栏中执行"渲染"→"渲染设置"命令，快捷键为〈F10〉，在弹出的"渲染设置"窗口中，展开"公用"选项卡的"指定渲染器"卷展栏，单击"产品级"右侧的"选择渲染器"按钮，在弹出的"选择渲染器"对话框中，指定渲染器为"V-Ray"，单击"保存为默认设置"按钮，如图9-32所示。

③ 按〈M〉键，打开"材质编辑器"，选择一个新的材质球，单击"标准"按钮，在弹出的"材质/贴图浏览器"对话框中，展开"V-Ray"卷展栏，双击其中的"VRMtl"材质，对材质球进行参数设置并命名为"吊顶壁纸"。

④ 吊顶壁纸材质贴赋。单击"漫反射"选项右侧的设置按钮，在弹出的"材质/贴图浏览器"对话框中，选择"位图"并双击，如图9-33所示。在弹出的"选择位图图像文件"对话框中，选择配套素材中的项目9→实例文件夹→素材文件夹→"吊顶壁纸.jpg"素材，其他参数保持默认设置即可。

⑤ 设置吊顶壁纸参数，设置吊顶壁纸贴图尺寸。选择矩形吊顶框架模型，按〈M〉键，在弹出的"材质编辑器"对话框中，单击"将材质指定给选定对象"按钮，再单击"视口中显示明暗处理材质"按钮。单击"修改"命令面板，选中"修改器列表"列表框中的"UVW贴图"，选中"贴图"选项区中的"长方体"单选按钮，设置"长度""宽度""高度"均为400，如图9-34所示。

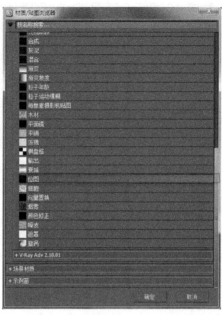

图 9-32   图 9-33   图 9-34

（3）制作入户过廊吊顶造型

1）创建石膏板吊顶。在菜单栏中执行"创建"→"图形"→"线"命令，在顶视图中捕捉入户过廊天花图，创建吊顶最外侧的轮廓线，绘制出一个矩形，如图9-35所示。在"修改"命令面板的"修改器列表"下拉列表框中选择"挤出"修改器，展开"参数"卷展栏，设置挤出的"数量"为60。

2）创建暗藏灯带槽。二次挤出，在"修改器列表"下拉列表框中选择"编辑多边形"修改器，单击"多边形"按钮，展开"编辑多边形"卷展栏，单击"挤出"右侧的设置按钮，设置"高度"为60，如图9-36所示。

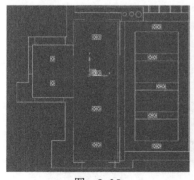
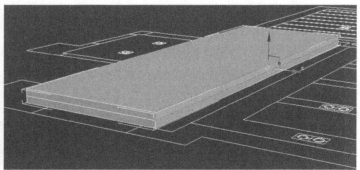

图 9-35   图 9-36

3）制作暗藏灯带槽凹陷。选择二次挤出的模型，在"修改"命令面板的"修改器列表"下拉列表框中选择"编辑多边形"修改器，单击"多边形"按钮，展开"编辑多边形"卷展栏，单击"挤出"右侧的设置按钮，设置"高度"为-100，如图9-37所示，使二次挤出的模型凹回去。

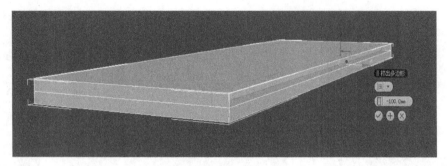

图 9-37

（4）制作餐厅吊顶造型

1）创建餐厅吊顶。在菜单栏中执行"创建"→"图形"→"线"命令，在顶视图中捕捉餐厅天花图，创建吊顶最外侧的轮廓线，绘制出一个矩形，如图9-38所示。在"修改"命令面板的"修改器列表"下拉列表框中选择"挤出"修改器，展开"参数"面板，设置挤出的"数量"为60。

2）创建暗藏灯带槽。二次挤出，在"修改器列表"下拉列表框中选择"编辑多边形"修改器，单击"多边形"按钮，展开"编辑多边形"卷展栏，单击"挤出"右侧的设置按钮，设置"高度"为60，如图9-39所示。

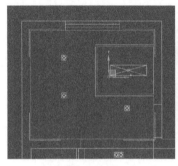

图 9-38

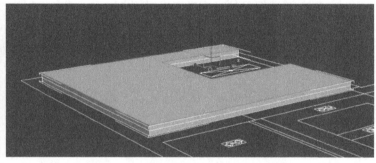

图 9-39

3）制作暗藏灯带槽凹陷。选择二次挤出的模型，在"修改"命令面板的"修改器列表"下拉列表框中选择"编辑多边形"修改器，单击"多边形"按钮，展开"编辑多边形"卷展栏，单击"挤出"右侧的设置按钮，在"组法线"中选择"本地法线"，设置"高度"为-100，如图9-40所示，使二次挤出的模型凹回去。

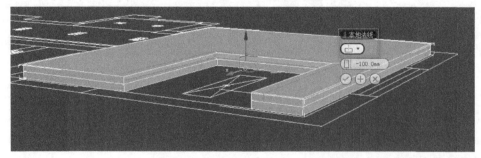

图 9-40

5. 制作电视背景墙

（1）导入AutoCAD图形

1）单击主工具栏中的"层管理器"按钮，在打开的"层"对话框中，创建一个新图层"背景墙"。

2）在菜单栏中执行"文件"→"导入"→"导入"命令，在弹出的"选择要导入的文件"对话框中，选择"AutoCAD（*.DWG、*.DXF）"文件类型，选择配套素材中的项目9→实例文件夹→素材文件夹→"客厅背景墙.dwg"文件，单击"打开"按钮，导入CAD图形。

（2）创建石膏板背景墙及暗藏灯带槽

1）在菜单栏中执行"创建"→"图形"→"线"命令，在顶视图中捕捉背景墙的CAD图形，创建背景墙的外轮廓线，在"创建"命令面板中单击"图形"按钮，展开"对象类型"卷展栏，取消勾选"开始新图形"复选框，再创建背景墙的内轮廓线，这样才能使刚才制作的两个图形关联在一起，如图9-41所示。

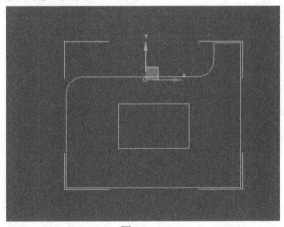

图 9-41

2）选择刚才制作的两个图形，在"修改"命令面板的"修改器列表"下拉列表框中选择"挤出"修改器，设置挤出的"数量"为50。

3）二次挤出，在"修改器列表"下拉列表框中选择"编辑多边形"修改器，单击"多边形"按钮，展开"编辑多边形"卷展栏，单击"挤出"右侧的设置按钮，设置"高度"为50。

4）选择二次挤出的模型，在"修改"命令面板的"修改器列表"下拉列表框中选择"编辑多边形"修改器，单击"多边形"按钮，展开"编辑多边形"卷展栏，单击"挤出"右侧的设置按钮，设置"高度"为-100，如图9-42所示，使其凹回去。

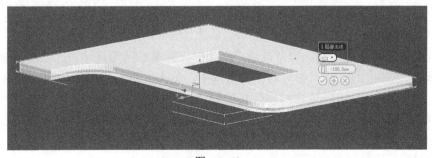

图 9-42

（3）调整电视背景墙位置

1）在顶视图中选择背景墙模型，将其移动到客厅平面图上。右键单击主工具栏中的"角度捕捉切换"按钮，弹出"栅格和捕捉设置"对话框，在"选项"选项卡中设置"通用"选项区中的"角度"为45°，如图9-43所示。单击"确定"按钮后关闭该对话框。单击主工具栏中的"选择并旋转"按钮，将背景墙模型的"X"轴坐标翻转90°后，移动到背景墙所在墙面。

2）切换到左视图，使用"选择并移动"工具，按住"捕捉开关"按钮并选择"2.5维捕捉开关"，拖动背景墙模型的"Y"轴，使其紧贴墙面和地面，如图9-44所示。

图 9-43

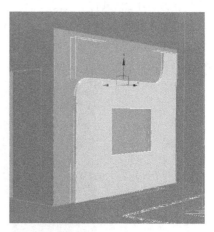

图 9-44

（4）背景墙壁纸材质贴赋

1）选择墙体框架模型，在"修改"命令面板的"修改器列表"下拉列表框中选择"编辑多边形"修改器，单击"多边形"按钮，展开"编辑几何体"卷展栏，单击"分离"右侧的设置按钮，将选中的多边形分离，如图9-45所示。

2）按〈M〉键打开"材质编辑器"，单击"标准"按钮，打开"材质/贴图浏览器"，选择"V-Ray"选项，双击其中的"VR材质"，对材质球

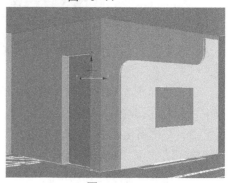

图 9-45

进行调节并命名为"背景墙壁纸"。单击"漫反射"选项右侧的设置按钮，在"标准"卷展栏中，选择"位图"并双击，如图9-46所示。在弹出的"选择位图图像文件"对话框中，选择配套素材中的项目9→实例文件夹→素材文件夹→"背景墙壁纸.jpg"素材，拖曳此材质赋给墙体，其他参数保持默认设置即可。

3）设置背景墙壁纸参数。为背景墙后侧墙壁设置壁纸贴图尺寸。选择墙体框架模型，按〈M〉键，在弹出的"材质编辑器"对话框中，单击"将材质指定给选定对象"按钮，再单击"视口中显示明暗处理材质"按钮。单击"修改"命令面板，选中"修改器列表"列表框中的"UVW贴图"，选中"贴图"选项区中的"长方体"单选按钮，设置"长度"为600、"宽度"为600、"高度"为2700，如图9-47所示。

4）背景墙后侧墙壁的壁纸贴赋完成后，效果如图9-48所示。

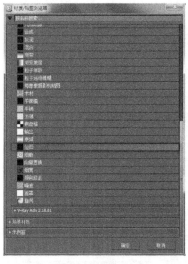

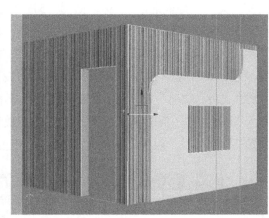

图 9-46　　　　　　　　图 9-47　　　　　　　　图 9-48

6．墙体、石膏吊顶材质贴赋

（1）墙体、石膏吊顶和背景墙材质贴赋

按〈M〉键，在弹出的"材质编辑器"窗口中，选择一个新的材质球。单击"标准"按钮，在弹出的"材质/贴图浏览器"对话框中，展开"V-Ray"卷展栏，双击其中的"VRavMtl"材质，对材质球进行调节并命名为"乳胶漆"，如图9-49所示。

（2）乳胶漆参数设置

乳胶漆调节的具体参数设置如图9-50所示，单击"将材质指定给选定对象"按钮🎨，将材质赋给墙体、石膏吊顶和背景墙。

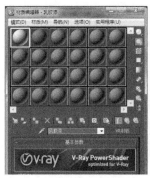
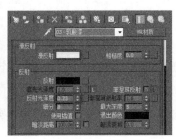
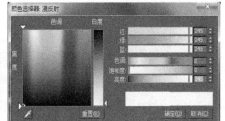

图 9-49　　　　　　　　　　　　图 9-50

7．制作地板、家具、布艺、白钢、黑镜效果

（1）制作地板效果

1）地板材质贴赋。选择分离后的地面模型，按〈M〉键，在弹出的"材质编辑器"窗口中，选择一个新的材质球。单击"标准"按钮，在弹出的"材质/贴图浏览器"对话框中，展开"V-Ray"卷展栏，双击其中的"VR材质"，对材质球进行调节并命名为"地

板"。单击"漫反射"选项右侧的设置按钮，在"标准"卷展栏中，选择"位图"并双击，在弹出的"选择位图图像文件"对话框中，选择配套素材中的项目9→实例文件夹→素材文件夹→"地板.jpg"素材，如图9-51所示。双击贴赋材质。

2）设置地板材质参数。单击"反射"选项右侧设置按钮，在弹出的"材质/贴图浏览器"对话框中，双击"标准"卷展栏中的"衰减"选项，展开"衰减参数"卷展栏，在"前：侧"选项中单击"白色"色块，设置"颜色选择器"的颜色数值为"红"200、"绿"219、"蓝"255。在"衰减类型"下拉列表框中选择"Fresnel"选项，设置"折射率"为1.6，如图9-52所示。展开"基本参数"卷展栏，在"反射"选项区中设置"高光光泽度"为0.65、"反射光泽度"为0.88，如图9-53所示。

图 9-51

图 9-52

图 9-53

（2）导入家具设置参数

1）导入家具模型。在菜单栏中执行"文件"→"导入"→"合并"命令，如图9-54所示。在弹出的"合并文件"对话框中，选择配套素材中的项目9→实例文件夹→模型文件夹→"客厅家具组.max"模型，单击"确定"按钮导入。调整"客厅家具组"模型的位置，如图9-55所示。

2）设置家具木纹材质参数。

① 按〈M〉键，在弹出的"材质编辑器"窗口中，选择一个新的材质球，单击"标准"按钮，在弹出的"材质/贴图浏览器"对话框中，展开"V-Ray"卷展栏，双击其中的"VRayMtl"材质，命名为"木纹"。展开"基本参数"卷展栏，将"漫反射"中的"红""绿""蓝"数值均设置为255。

② 单击"漫反射"选项右侧的设置按钮，在"标准"卷展栏中，选择"位图"并双击。在弹出的"选择位图图像文件"对话框中，选择配套素材中的项目9→实例文件夹→素材文件夹→"木纹.jpg"素材。

③ 将"反射"中的"红""绿""蓝"数值均设置为255。先将"反射"选项区中的"高光光泽度"参数解锁，设置其数值为0.81，"反射光泽度"为0.95，"细分"为25，勾选"菲涅耳反射"复选框，将材质分别赋给鞋柜、吧台和电视柜，如图9-56所示。

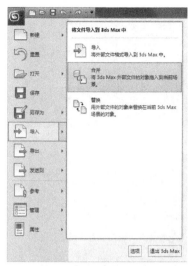

图 9-54 图 9-55 图 9-56

3）设置门的白色油漆材质参数。

① 按〈M〉键，在弹出的"材质编辑器"窗口中，选择一个新的材质球，单击"标准"按钮，在弹出的"材质/贴图浏览器"对话框中，展开"V-Ray"卷展栏，双击其中的"VRayMtl"材质并命名为"白色油漆"。

② 展开"基本参数"卷展栏，将"漫反射"中的亮度数值设置为255，设置"反射"选项区中的"高光光泽度"为0.88、"反射光泽度"为0.88、"细分"为12，如图9-57所示。

图 9-57

（3）设置沙发材质参数

1）按〈M〉键，在弹出的"材质编辑器"窗口中，选择一个新的材质球并命名为"沙发"。展开"基本参数"卷展栏，将"漫反射"中的"红"数值设置为229，"绿"数值设置为223，"蓝"数值设置为213，如图9-58所示。

2）单击"漫反射"选项右侧的设置按钮，在"标准"卷展栏中，选择"位图"并双击。在弹出的"选择位图图像文件"对话框中，选择配套素材中的项目9→实例文件夹→素材文件夹→"沙发材质1.jpg"素材。

3）将"反射"中的"红""绿""蓝"数值均设置为25，如图9-59所示。单击"反射"选项右侧的设置按钮，在"标准"卷展栏中，选择"位图"并双击。在弹出的"选择位图图像文件"对话框中，选择配套素材中的项目9→实例文件夹→素材文件夹→"沙发材质2.jpg"素材。先将"反射"选项区中的"高光光泽度"参数解锁，设置其数值为0.4，其他参数保持默认设置即可，如图9-60所示。

4）展开"贴图"卷展栏，单击"凹凸"右侧的贴图设置按钮，在弹出的"材质/贴图浏览器"中，双击"位图"，选择配套素材中的项目9→实例文件夹→素材文件夹→"沙发材质3.jpg"素材，如图9-61所示。

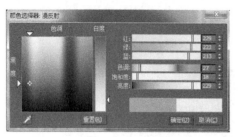

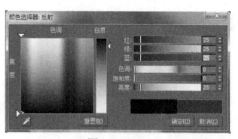

图 9-58   图 9-59

图 9-60

图 9-61

（4）设置抱枕布艺参数

1）抱枕材质命名。按〈M〉键，在弹出的"材质编辑器"窗口中，选择一个新的材质球。单击"标准"按钮，在弹出的"材质/贴图浏览器"对话框中，展开"V-Ray"卷展栏，双击其中的"VR材质"，对材质球进行调节并命名为"布艺"。

2）设置布艺材质参数。展开"基本参数"卷展栏，单击"漫反射"选项右侧的设置按钮，在"标准"卷展栏中选择"位图"并双击，在弹出的"选择位图图像文件"对话框中，选择配套素材中的项目9→实例文件夹→素材文件夹→"布艺.jpg"素材，双击确定，将"漫反射"中的"红"数值设置为157，"绿"数值设置为150，"蓝"数值设置为143，如图9-62所示，将此材质赋给抱枕模型。

图 9-62

（5）设置理石台面材质参数

1）按〈M〉键，在弹出的"材质编辑器"窗口中，选择一个新的材质球，单击"标准"按钮，在弹出的"材质/贴图浏览器"对话框中，展开"V-Ray"卷展栏，双击其中的"VRavMtl"材质并命名为"理石台面"。

2）展开"基本参数"卷展栏，单击"漫反射"选项右侧的设置按钮，在"标准"卷展栏中，选择"位图"并双击。在弹出的"选择位图图像文件"对话框中，选择配套素材中的项目9→实例文件夹→素材文件夹→"理石.jpg"素材。

3）将"反射"中的"红""绿""蓝"数值均设置为40。先将"反射"选项区中的"高光光泽度"参数解锁，设置其数值为0.88，"反射光泽度"为0.88，"细分"为8，如图9-63所示。将此材质赋给台面。

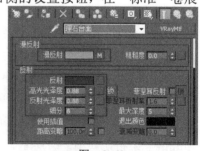

图 9-63

（6）设置白钢门把手参数

1）门把手命名。按〈M〉键，在弹出的"材质编辑器"窗口中，选择一个新的材质球。单击"标准"按钮，在弹出的"材质/贴图浏览器"对话框中，展开"V-Ray"卷展栏，双击其中的"VR材质"，对材质球进行调节并命名为"白钢"。

2）设置白钢门把手参数。展开"基本参数"卷展栏，将"漫反射"中的"红""绿""蓝"数值均设置为50。将"反射"中的"红"数值设置为184，"绿"数值设置为192，"蓝"数值设置为200。在"反射"选项区中设置"高光光泽度"为0.8、"反射光泽度"为0.9、"细分"为12、"最大深度"为2，如图9-64所示，将此材质赋给门把手。

图 9-64

（7）设置酒柜内侧黑镜参数

1）吊柜内侧材质命名。按〈M〉键，在弹出的"材质编辑器"窗口中，选择一个新的材质球，单击"标准"按钮，在弹出的"材质/贴图浏览器"对话框中，展开"V-Ray"卷展栏，双击其中的"VR材质"，对材质球进行调节并命名为"黑镜"。

2）设置吊柜内侧茶镜参数。展开"基本参数"卷展栏，将"漫反射"中的"红""绿""蓝"均数值设置为0。将"反射"中的"红""绿""蓝"数值均设置为80，如图9-65所示，将此材质赋给吊柜内侧模型。

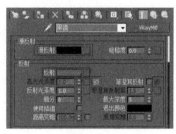

图 9-65

8. 导入室内装饰品及灯饰

（1）导入室内装饰品

在菜单栏中执行"文件"→"导入"→"合并"命令，在弹出的"合并文件"对话框中，选择配套素材中的项目9→实例文件夹→模型文件夹→"装饰品组.max"模型，单击"确定"按钮导入。调整"装饰品组"模型的位置，如图9-66所示。

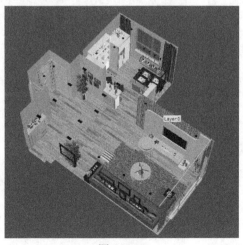

图 9-66

（2）查找装饰品丢失材质

按〈Shift+T〉快捷键，弹出"资源追踪"窗口，在"路径"选项上单击鼠标右键，在弹出的快捷菜单中选择"高亮显示可编辑的资源"选项。再选择已经使用的资源并单击鼠标右键，在弹出的快捷菜单中选择"路径"→"设置路径"选项，如图9-67所示。在弹出的"指定资源路径"对话框中，选择丢失的材质。

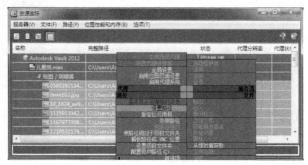

图 9-67

9．布置室内灯光

（1）制作自然太阳光照效果

1）创建VR_太阳光。在"创建"命令面板中单击"灯光"按钮，在下拉列表框中选择"VRay"选项，单击"VR_太阳"，在"VR_太阳参数"卷展栏中，勾选"开启""不可见""投影大气阴影"3个复选框，取消勾选"影响漫反射"和"影响高光"两个复选框。设置"强度数值倍增"为0.02、"尺寸数值倍增"为4、"阴影数值细分"为20、"光子数值发射数值半径"为1200，如图9-68所示。

提示 单击"排除"按钮，在弹出的"排除/包含"对话框中，排除窗内或窗外的大型遮挡物，若不排除，则创建的太阳光不能照射到室内。

2）调整灯光分布位置。在顶视图中将灯光位置调整到如图9-69所示的位置。在前视图中将灯光位置调整到如图9-70所示的位置。

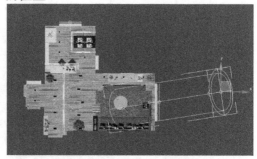

图 9-69

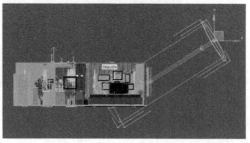

图 9-68

图 9-70

（2）制作客厅、餐厅窗口光照效果

1）创建客厅窗口光源。选择客厅窗框模型，按〈Alt+Q〉快捷键，进入孤立模式。按〈L〉键进入左视图，按〈S〉键打开捕捉开关。在"创建"命令面板中单击"灯光"按钮，在下拉列表框中选择"VRay"选项，单击"VR光源"，展开"参数"卷展栏，设置"类型"为"平面"。

2）调整窗口光源位置。在顶视图中从窗口左上角开始拖曳鼠标到窗口右下角，即全选窗口，如图9-71所示。将灯光调整到窗框中线位置，光线朝向室内，灯光位置如图9-72所示。

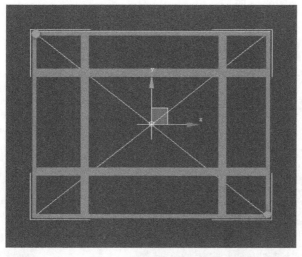

图　9-71

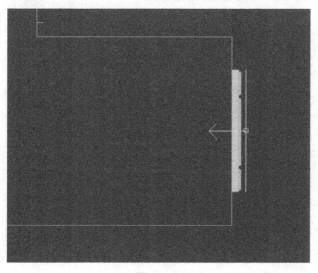

图　9-72

3）创建餐厅窗口光源。选择餐厅窗框模型，按〈Alt+Q〉快捷键，进入孤立模式。按〈F〉键进入前视图，按〈S〉键打开捕捉开关。在"创建"命令面板中单击"灯光"按钮，在下拉列表框中选择"VRay"选项，单击"VR光源"，展开"参数"卷展栏，设置"类型"为"平面"。

4）调整窗口光源位置。在顶视图中从窗口左上角开始拖曳鼠标到窗口右下角，即全选窗口，如图9-73所示。将灯光调整到窗框中线位置，光线朝向室内，灯光位置如图9-74所示。

5）设置窗口光源参数。展开"参数"卷展栏，设置"亮度"选项区中的"倍增器"为7。设置"模式"为"颜色"，单击"颜色"色块，在弹出的"颜色选择器"对话框中，设置"红"数值为100，"绿"数值为155，"蓝"数值为255，单击"确定"按钮。在"选项"选项区中勾选"投射阴影""不可见""忽略灯光法线""影响漫反射"4个复选框，设置"细分"为20，如图9-75所示。

图 9-73

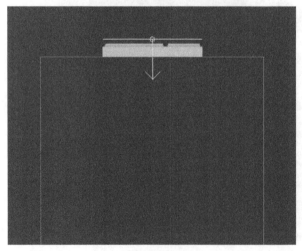

图 9-74

图 9-75

（3）制作客厅、餐厅筒灯光照效果

1）创建筒灯光源。按〈F〉键进入前视图，在"创建"命令面板中单击"灯光"按钮，在下拉列表框中选择"光度学"选项，单击"目标灯光"，在前视图中单击拖曳鼠标创建目标灯光。展开"参数"卷展栏，勾选"阴影"选项区中的"启动"和"使用全局设置"两个复选框，并在下拉列表框中选择"VRayShadow"选项。在"灯光分布（类型）"选项区中，选择"光度学Web"选项。单击"分布（光度学Wed）"卷展栏中的"选择光度学文件"按钮，在弹出的"打开光域Web文件"对话框中，选择配套素材中的项目9→实例文件夹→素材文件夹→"光域文件.ies"文件，单击"确定"按钮。

2）设置筒灯光源参数。展开"强度/颜色/衰减"卷展栏，在"颜色"选项区中，单击"过滤颜色"后的色块，设置"红"数值为255，"绿"数值为186，"蓝"数值为105。在"强度"选项区中选中"1m"单选按钮，设置其数值为1000，如图9-76所示。展开"VRayShadows params"卷展栏，设置"细分"为20。筒灯位置如图9-77所示。

图　9-76

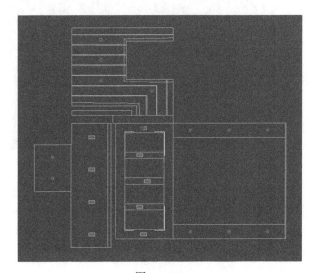

图　9-77

（4）制作过廊和餐厅灯带光照效果

1）创建吊顶灯带光源。选择过廊和餐厅的吊顶模型，按〈Alt+Q〉快捷键，进入孤立模式。按〈T〉键进入顶视图，按〈S〉键打开捕捉开关。在"创建"命令面板中单击"灯光"按钮，在下拉列表框中选择"VRay"选项，单击"VR光源"，展开"参数"卷展栏，设置"类型"为"平面"。

2）调整灯带光源位置及参数。在顶视图中选择吊顶的暗藏灯带槽，调整灯带光源位置，如图9-78所示。展开"参数"卷展栏，设置"亮度"选项区中的"倍增器"为5。设置"模式"为"颜色"，单击"颜色"色块，设置"红"数值为255，"绿"数值为163，"蓝"数值为55。在"选项"选项区中勾选"投射阴影""不可见""忽略灯光法线""影响漫反射"4个复选框，设置"细分"为20，如图9-79所示。

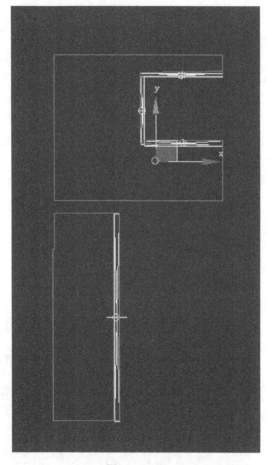

图 9-78   图 9-79

3）镜像灯带槽中的光源。选择左视图，在主工具栏中单击"镜像"按钮，在弹出的"镜像：屏幕坐标"对话框中，设置"镜像轴"为"Y"轴。在"克隆当前选择"选项区中选中"不克隆"单选按钮，单击"确定"按钮，如图9-80所示。将镜像完成的光源移动到灯带槽中，如图9-81所示。

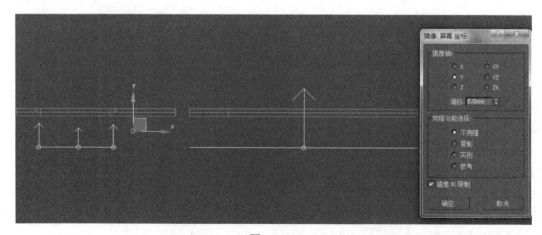

图 9-80

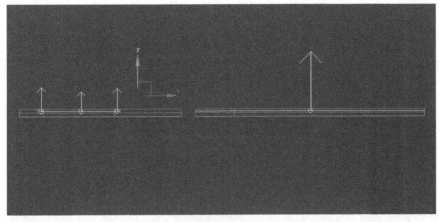

图 9-81

（5）制作背景墙灯带光照效果

1）按〈F〉键进入前视图，选择背景墙模型，在"创建"命令面板中单击"图形"按钮，再单击"线"按钮，沿着灯带槽绘制一条曲线，如图9-82所示。

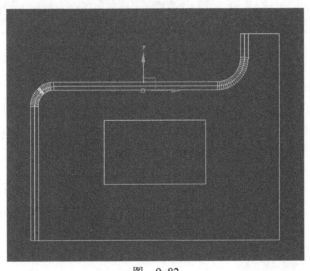

图 9-82

2）在"创建"命令面板中单击"灯光"按钮后，在视口中的任意位置绘制一个与灯带槽等大的方形光源并将其选中，具体灯光参数设置参见图9-79。在菜单栏中执行"工具"→"对齐"命令，快捷键为〈Shift+I〉，在弹出的"间隔工具"窗口中单击"拾取点"按钮后，选择刚才绘制的曲线，返回"间隔工具"窗口，在"参数"选项区中，勾选"计数"复选框并设置其数值为70，单击"应用"按钮，如图9-83所示，完成背景墙灯带的制作。删除最早绘制的方形光源。

3）设置光源位置及照射方向。选择顶视图，在主工具栏中单击"镜像"按钮，在弹出的"镜像：屏幕坐标"对话框中，设置"镜像轴"为"Y"轴，在"克隆当前选择"选项区中选中"不克隆"单选按钮，单击"确定"按钮。将镜像完成的灯带移动到背景墙灯带槽中，如图9-84所示。

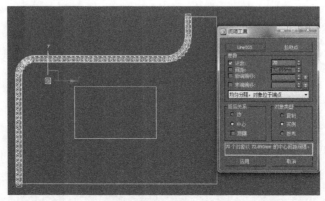

图 9-83

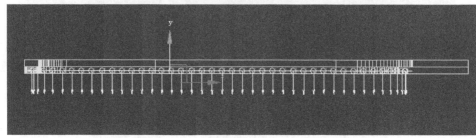

图 9-84

10. 创建摄像机

（1）创建摄像机

按〈T〉键进入顶视图，在"创建"命令面板中单击"摄像机"按钮，在下拉列表框中选择"标准"选项，单击"目标摄像机"，展开"参数"卷展栏，设置"镜头"为24。在"剪切平面"选项区中勾选"手动剪切"复选框，设置"近距剪切"为1000、"远距剪切"为15000，如图9-85所示。

（2）调整摄像机位置

1）调整摄像机角度。按〈T〉键进入顶视图，将摄像机角度调整至如图9-86所示的位置。

图 9-85

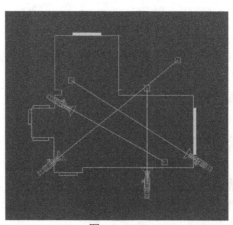

图 9-86

2）调整摄像机高度。按〈L〉键进入左视图，在状态栏中设置"Z"轴的数值为1300，效果如图9-87所示。

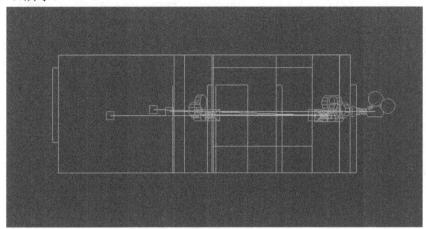

图 9-87

11．V-Ray渲染输出

按〈F10〉键，在弹出的"渲染设置"窗口中，参照项目8中的"10．V-Ray渲染输出"设置渲染输出参数。

12．Photoshop后期处理

（1）打开渲染图像

1）启动Photoshop软件，在菜单栏中执行"文件"→"打开"命令，在弹出的"打开"对话框中，选择要进行渲染输出的"客厅效果图1"并单击"确定"按钮打开此文件，如图9-88所示。

图 9-88

2）在菜单栏中执行"图层"→"新建"→"通过拷贝的图层"命令，快捷键为〈Ctrl+J〉，复制一个与原图层一样的"图层1"，在"图层"面板中选中"图层1"，如图9-89所示。

图　9-89

在3ds Max 2012中渲染输出的图像通常会出现图面发灰、阴影细节不够、阴影关系不正确等现象，在Photoshop软件中可使用"色阶""曲线""亮度/对比度""色彩平衡"等命令，从整体到局部进行调整与修正。

（2）整体效果调整

1）在菜单栏中执行"图像"→"调整"→"曲线"命令，快捷键为〈Ctrl+M〉，在"曲线"对话框中设置"输出"为140、"输入"为120，如图9-90所示。

2）在菜单栏中执行"图像"→"调整"→"亮度/对比度"命令，在"亮度/对比度"对话框中设置"亮度"为10、"对比度"为5，如图9-91所示。

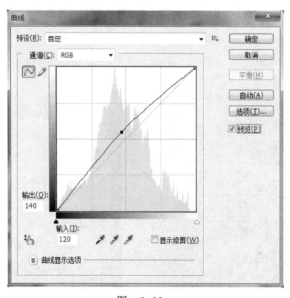

图　9-90

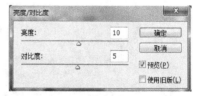

图　9-91

3）在工具栏中选择"色彩减淡"工具，针对天花图上比较暗的地方做色彩减淡处理，使其看上去更明亮一些，避免效果图中出现头重脚轻的色彩效果，最终效果如图9-92所示。

图 9-92

4）由于渲染出的每张效果图的色彩效果都不同，因此可以参照上述步骤及方法，灵活地进行调整。

项目总结

通过现代客厅的制作，从中了解并掌握效果图制作的整个流程，重点在于V-Ray插件中光的运用，读者要通过实例的学习，同时结合对现实中室内光线的分析，制作出高仿真的光照效果，掌握筒灯、灯带及太阳光的光线原理。后期部分，通过Photoshop软件，解决在3dx Max软件中制作的不足之处，将画面效果调整到最理想的状态。整个过程要求活学活用，在最短的时间内制作出满意的效果，最大程度地发挥软件的功效。

电脑美术设计与制作职业应用项目教程

冯伟博　主编 / 书号 56819

黄春光 孙晓春　主编 / 书号 73248

刘健 张丽霞　主编 / 书号 48849

梁姗　主编 / 书号 56154

杨银燕 刘银冬　主编 / 书号 73379

翟剑峰 石素卿　编 / 书号 25815

于丽　主编 / 书号 69266

楼滨　主编 / 书号 26654

孙雅娟　主编 / 书号 56073

机工教育微信服务号

扫码可见更多
电子样书

ISBN 978-7-111-56819-3

9 787111 568193

策划编辑◎梁伟 / 封面设计◎鞠杨

定价：49.00元